U0169328

国网浙江省电力有限公司舟山供电公司　编

中国电力出版社
CHINA ELECTRIC POWER PRESS

内 容 提 要

本书介绍海洋输电知识，以介绍海洋输电工程中最常用输电设备——海底电缆为重点，同时结合当前国际海洋输电前沿技术与发展态势，系统科学地传播海洋输电基础知识。本书共五章，主要内容包括：海洋输电整体介绍、海底电缆构成与制造、海底电缆工程施工敷设、海底电缆试验与运维、海洋输电前沿技术与未来发展。

本书知识点讲解深入浅出，适用于社会大众了解、学习海洋输电知识，可作为中小学生课外活动参考用书。

图书在版编目（CIP）数据

海洋输电的奥秘——海底电缆/国网浙江省电力有限公司舟山供电公司编. —北京：中国电力出版社，2020.11

ISBN 978-7-5198-5018-0

Ⅰ.①海… Ⅱ.①国… Ⅲ.①海底电缆 Ⅳ.① TM248

中国版本图书馆 CIP 数据核字（2020）第 186357 号

出版发行：中国电力出版社
地　　址：北京市东城区北京站西街 19 号（邮政编码 100005）
网　　址：http://www.cepp.sgcc.com.cn
责任编辑：杨　卓（010-63412789）
责任校对：黄　蓓　王海南
装帧设计：黎超超　张海霞
责任印制：吴　迪

印　刷：北京博图彩色印刷有限公司
版　次：2020 年 11 月第一版
印　次：2020 年 11 月北京第一次印刷
开　本：787 毫米 ×1092 毫米　16 开本
印　张：6.5
字　数：129 千字
印　数：0001—3000 册
定　价：49.80 元

前言

海洋，孕育了生命，连通着世界。

21世纪是海洋的世纪，海洋开发浪潮汹涌。海洋开发作为大国崛起的重要依托，我国也吹响了向海发展的号角。

电能作为现代经济社会发展的驱动力，其应用无处不在，当电能传输与大海碰撞，海洋输电应运而生。但在复杂且恶劣的海洋环境中，保障稳定可靠的电能供给绝非易事。以海洋输电最常用的海底电缆为例，为保障海底电缆在海洋环境中稳定运行，国内外专家经过数十载坚韧攻关，在海底电缆的产品研发、工程建设、运行维护等方面做了大量卓有成效的工作，为推进全球海洋输电网络健康发展奠定了坚实的基础。

然而，神秘多变的海洋，不断给海洋输电带来已知或未知的挑战。了解当前以电网互联、海上风电和各类平台为代表的跨海输电工程建设和发展态势，建立系统科学的海洋输电体系，引导理论研究与实践探索不断深入，对把握海洋输电未来发展之路至关重要，对加快融入海洋强国战略具有重要意义。

本书编者均为从事海洋输电技术工作的一线工程师，他们参与了世界首个五端柔性直流输电工程、首个500千伏交联聚乙烯绝缘海底电缆输电工程等重大工程建设，见证了我国海洋输电技术从引进到赶超的高速发展历程。编者本着科学性、普及性、可读性原则，对本书知识点进行多轮筛选。在此基础上，进行资料整理、核实，内容编写、修订等工作。编写资料繁杂、过程反复，但编者始终秉承着严谨、细致的工作态度，精雕细琢。

本书旨在通过简单易懂的语言、生动直观的漫画，深入浅出地讲述海洋输电基础知识，希望通过科普来让更多人了解海洋输电，吸引更多电力同仁与青少年朋友关注海洋输电，投入到海洋输电工作中去。

在此，谨向所有为本书出版付出辛勤劳动的单位和个人表示衷心感谢。尽管编者做了很大努力，但由于能力有限，错误和疏漏之处，敬请广大读者不吝赐教。

编者

2020.10

目录

大家好，我是海电百事通。本书将由我为大家介绍海洋输电的那些事儿。

第一章　海洋输电初印象

电能是从发电厂生产出来的，但是你知道电能是如何来到我们身边的吗？你大概会想到高压铁塔、电线杆。那么当电能传输遇到大海时，又该如何应对呢？

第一节　现代社会能源动脉——电力传输网

电能，是现代社会应用最广泛、最便捷、最清洁的终端能源。家中各式各样的电器、工厂里轰隆隆运作的机器，城市夜里璀璨的灯、抢救室的医疗仪……我们生产生活早已离不开电能的支撑。

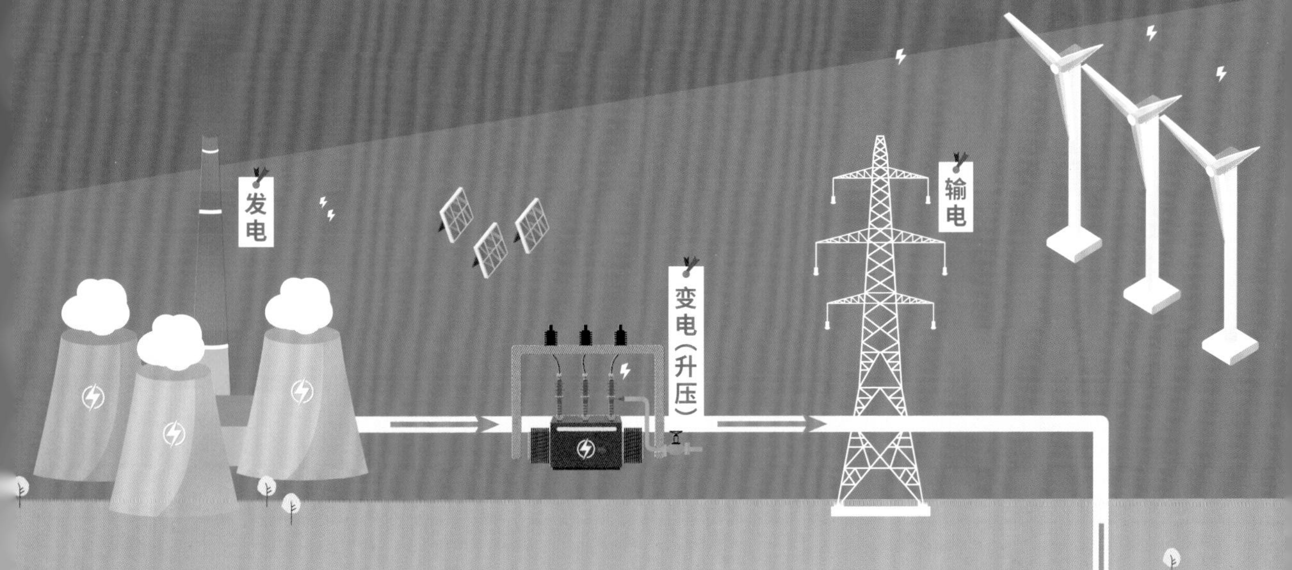

1.电能传输的过程

电从发电厂传输到我们身边，一般要经过发电、输电、变电、配电、用电等环节，由这些环节组成的电能生产与消费系统就是电力系统。

变电（降压）

用电

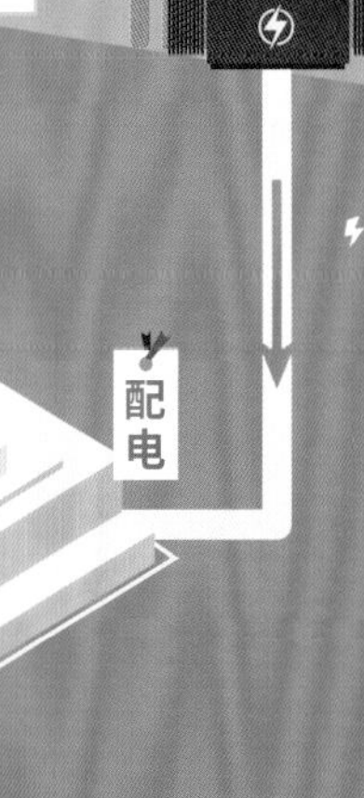

如果说电能是维持现代社会正常运行所必须的血液，那么串联起发电、输电、变电、配电、用电的电能传输就是一条条负责血液供给的大动脉，把源源不断的电能“泵”向社会，让社会运行发展。

电能传输需要根据输电容量和距离来选择输电电压。一般来说输电容量越大、距离越远，电压等级就越高。

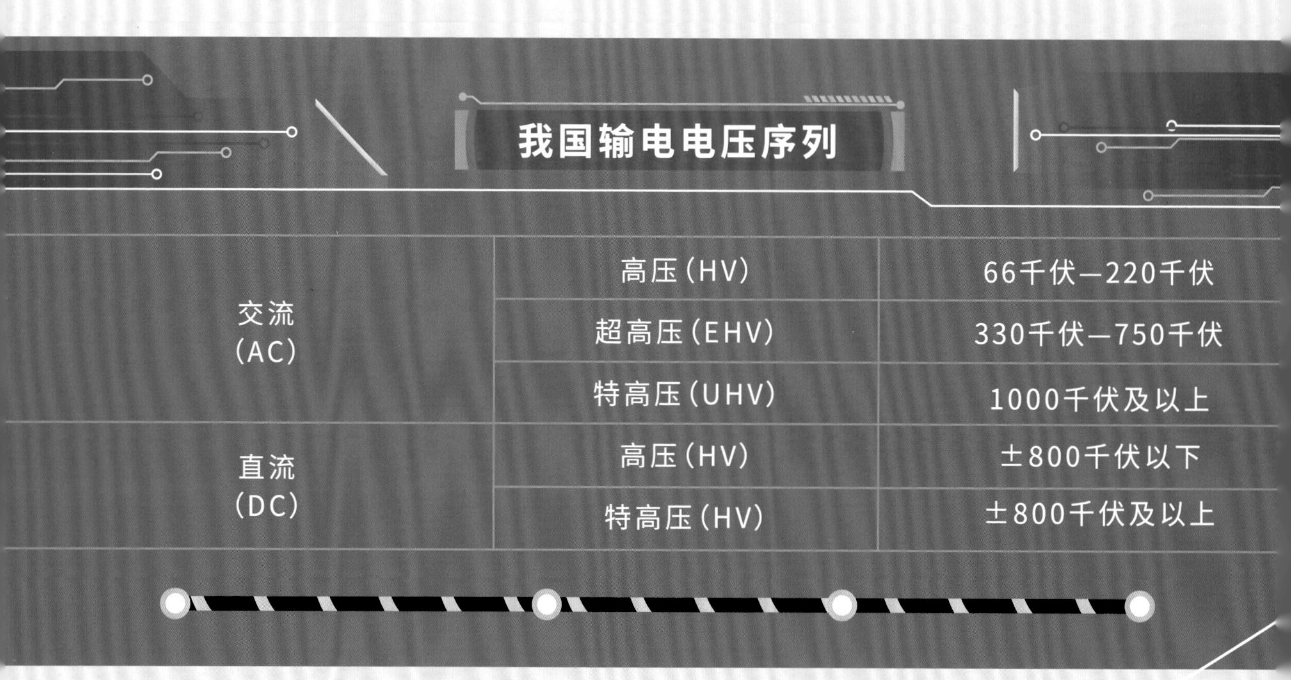

我国输电电压序列

交流（AC）	高压（HV）	66千伏—220千伏
	超高压（EHV）	330千伏—750千伏
	特高压（UHV）	1000千伏及以上
直流（DC）	高压（HV）	±800千伏以下
	特高压（HV）	±800千伏及以上

海电小知识——电能传输有多快？

电能传输速度可达30万千米/秒的光速，也就是每秒可绕地球7.5圈。所以，即使发电厂在千里之外，电能也能瞬间来到我们身边。

2.电能传输的载体

目前，大规模的电能传输需要借助实物载体——输电线路。输电线路一般采用铜、铝、钢等导电金属制成。在陆地上，常见输电线路有两种：架空输电线路和电力电缆线路。

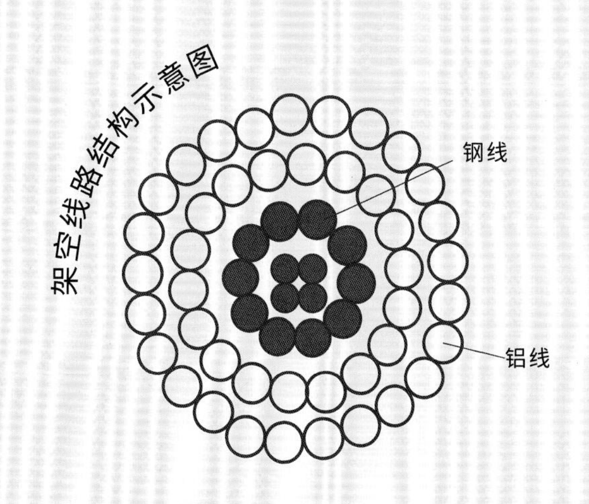

架空输电线路，也就是常见的高压线，一般使用无绝缘的裸导线，通过绝缘子把导线悬挂在高高的铁塔上。

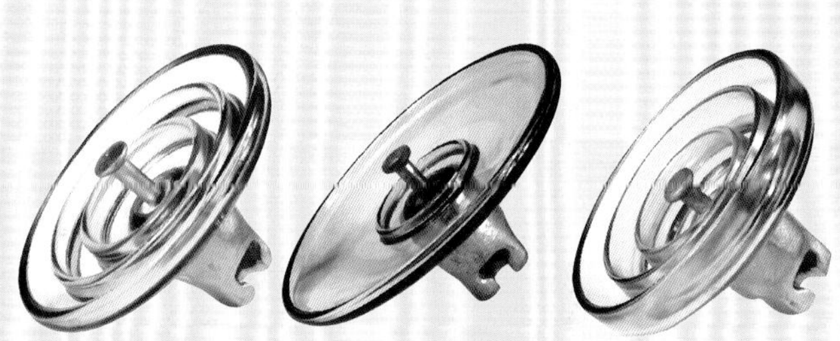

单个玻璃绝缘子通常连接成串挂在高压电线与铁塔之间。

电力电缆线路，采用特殊工艺加工制造，将包裹着绝缘层的导电线埋设于地下或敷设在电缆隧道中。

可是当电能传输遇到茫茫大海时，就只能“望洋兴叹”了吗？

第二节　电能传输与大海的碰撞——海洋输电

海洋输电，顾名思义就是电能的跨海传输，其涉及的技术被称为海洋输电技术。与陆上输电相比，海洋输电需要综合考虑水文地质、海面极端气候、船舶通航活动、海洋生态生物等因素。而且在输电容量和距离相当的情况下，海洋输电工程一般投资额更大，对安全性与稳定性要求也更高。

目前，海洋输电主要采用两种方式，一种是输电线路大跨越，另一种是海底电力电缆。

1. 电能传输的海上飞虹

输电线路大跨越指跨越通航江河、湖泊或海峡等地形，并且杆塔间距离大于1000米或杆塔高于100米，需兼顾水上通航要求进行特殊设计的架空输电线路，简称大跨越。

我国是世界上大跨越工程数量最多的国家，而且电压等级、输送容量和杆塔高度等多项技术指标都处于国际领先水平。

我国具有代表性的大跨越工程

大跨越名称	电压等级（千伏）	跨距（米）	塔高（米）	投运时间（年）	亮点
沿山头汉江	1000	1650	181.8	2008	我国第一个1000千伏特高压大跨越工程
舟山螺头水道	500	2756	370	2010	同时期亚洲地区铁塔跨距最大的工程，被誉为亚洲第一跨
哈郑黄河	±800	1350	140.6	2014	同时期我国自主设计、建设的输电容量最大的直流工程
昌古长江	±1100	1790	225.2	2018	同时期世界电压等级最高的特高压大跨越工程
舟山西堠门	500	2656	380	2019	目前世界最高输电铁塔

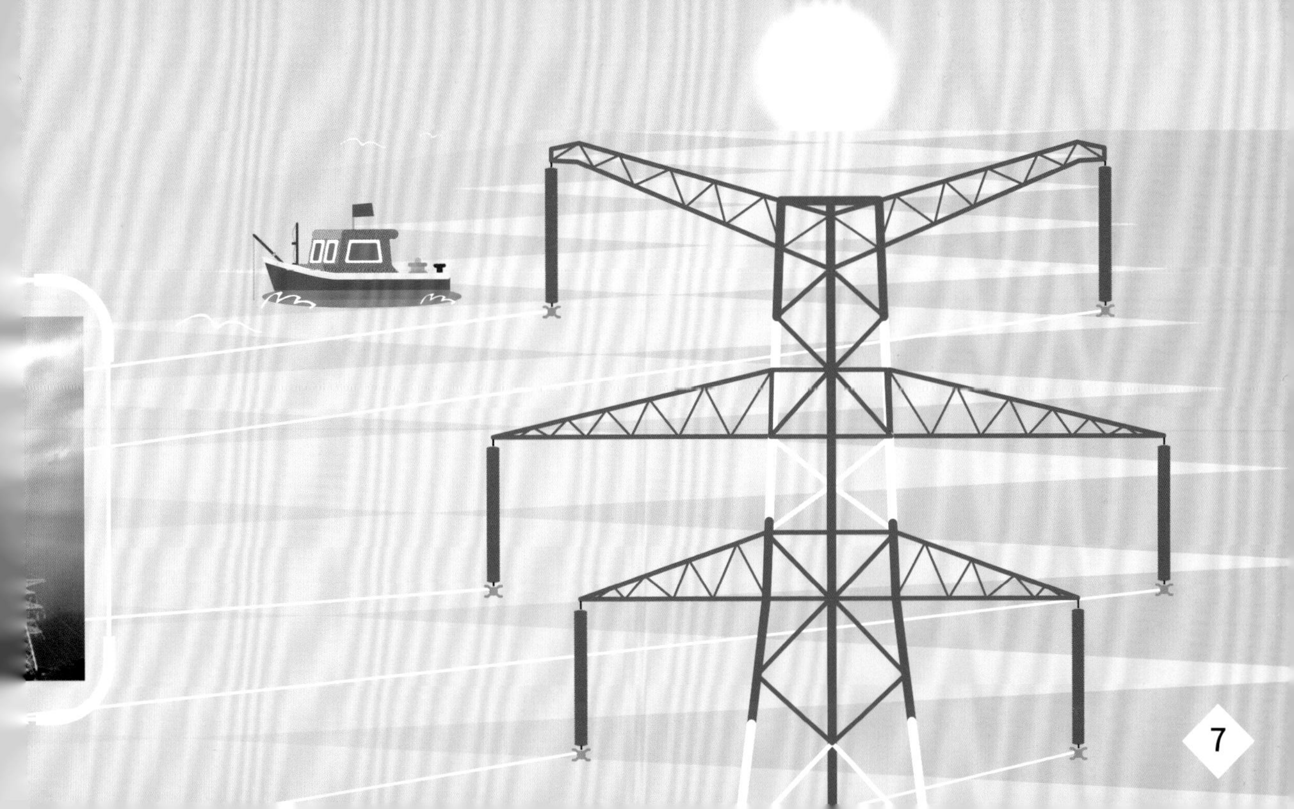

考虑到施工难度、造价等因素，目前大跨越工程最长距离约2.8千米。可如果遇到茫茫大海阻隔，又或者找不到合适的跨越点，怎么办呢？

别担心，我们还有“海底电力电缆”这个法宝！

2. 电能传输的水下动脉

海底电力电缆是铺设于海底用于电力传输的电缆，简称“海底电缆”或“海缆”。

我国海底电缆工程建设起步较晚，总体水平处于跟跑阶段。经过国内相关企业和众多工程师奋起直追，开拓创新，我国海底电缆工程不断赶超世界先进水平。目前，我国已有大量的海底电缆用于穿越河流、海峡或海湾的电力传输。

我国具有代表性的海底电缆工程

海底电缆工程名称	电压等级（千伏）	海底电缆线路长度（千米）	输送功率（兆瓦）	投运时间（年）
海南联网工程	500	32+32	600	2009
南澳三端柔性直流输电工程	±160	20.6	200	2013
舟山五端柔性直流输电工程	±200	136	1000	2014
舟山500千伏联网工程	500	17+17	1100	2019

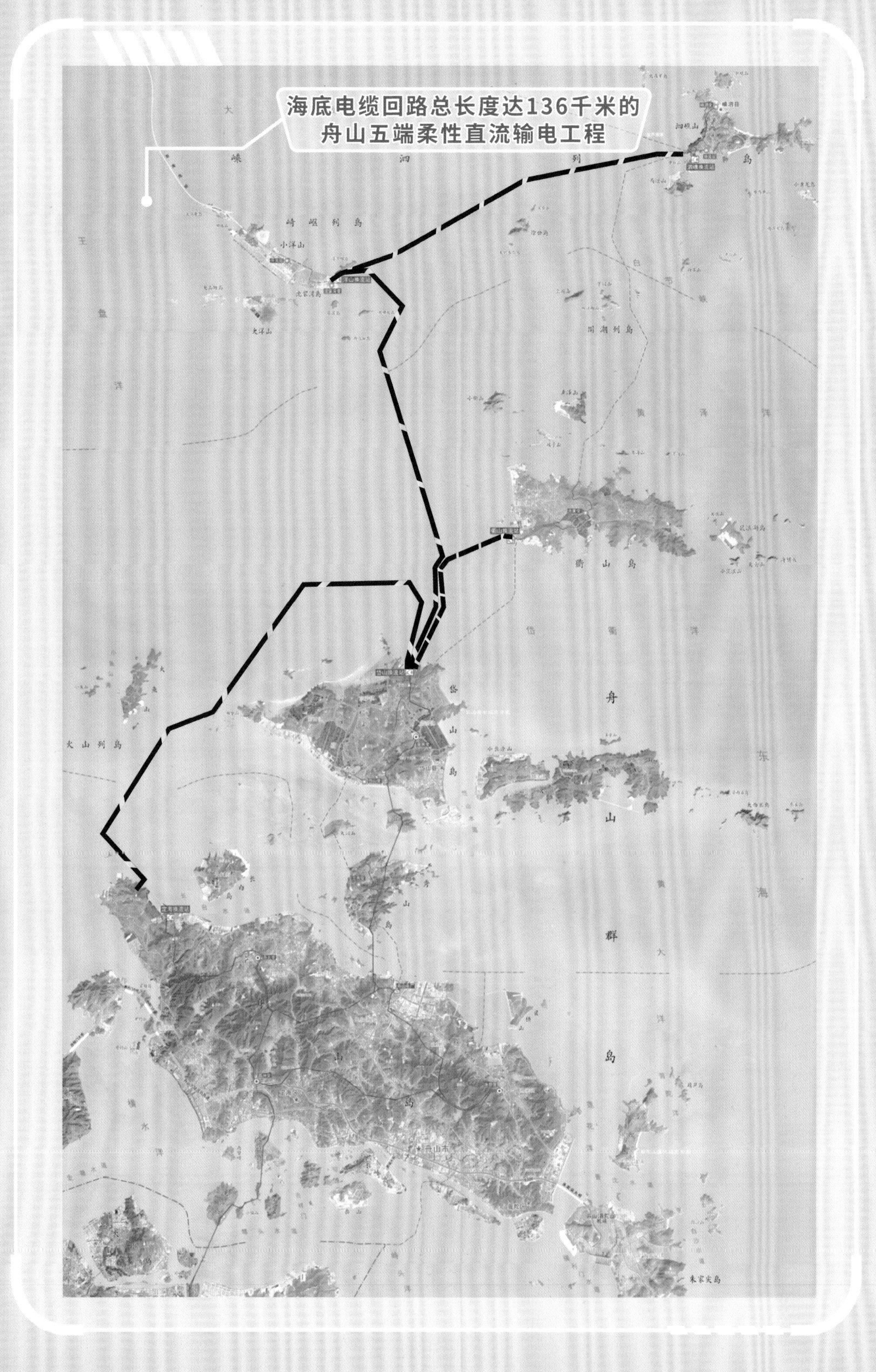

海底电缆不会在空间高度上对海峡和河道中航行的船舶形成限制，加之其具备更长距离的跨海优势，海底电缆备受工程师们的“宠爱”，在海洋输电工程中应用最为广泛。

电能在传输过程中遇到难题了，你愿意帮助它吗？在横线上补充正确答案，解决难题吧。
电能传输还会根据输电容量和距离来决定________。
电能传输一般经过________、________、________、________、________五个环节。
海洋输电是指________，其涉及的技术被称为海洋输电技术。
海洋输电手段主要有________和________。

可回顾第一章内容寻找答案哦！

第二章 海洋输电主动脉

海底电缆是现今海洋输电工程中应用最广的输电方式。海底电缆技术的发展，对海洋输电有着至关重要的意义。接下来我们将以海底电缆为重点，继续深入了解海洋输电。

第一节 家族成员——海缆类型

20世纪初第一条海底电缆诞生。经过百年发展，海缆君所在的海底电缆家族，已经发展成一个种类繁多、群英荟萃的大家族。

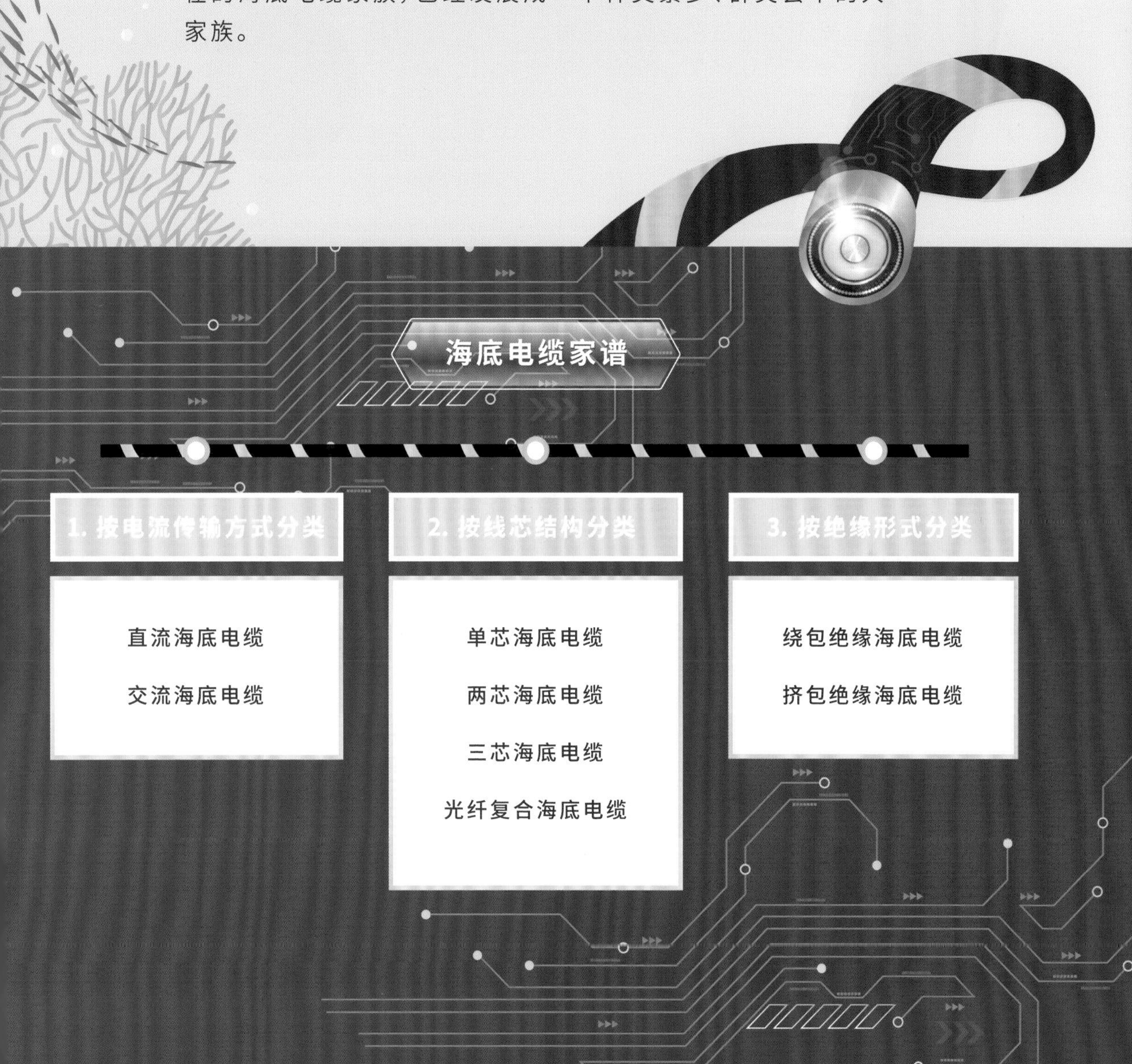

海电小知识——绝缘

绝缘是指在带电导体外围均匀、密实地包裹不导电材料，防止导电体与外界接触造成漏电、短路、触电等事故发生。

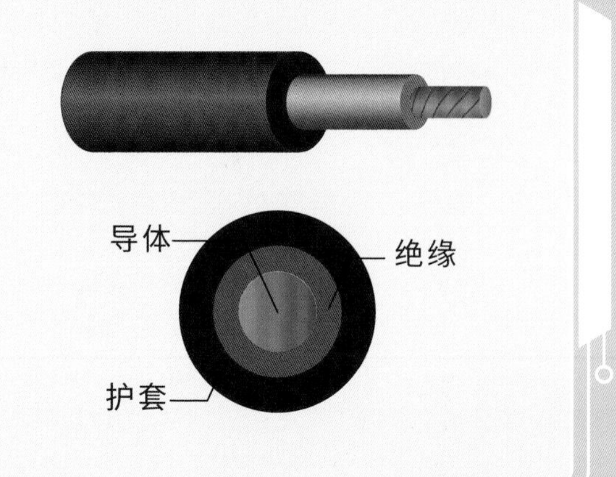

1.按电流传输方式分类

根据电流传输方式，海底电缆分为直流海底电缆和交流海底电缆。受建设成本和交直流输电特性的影响，短距离的海底输电工程多选用交流海底电缆，长距离的海底电缆输电工程多选用直流海底电缆。

（1）直流海底电缆：电流方向一般不发生改变，电力传输损耗小，易于实现长距离输电，但直流换流站等配套设施建设费用昂贵。

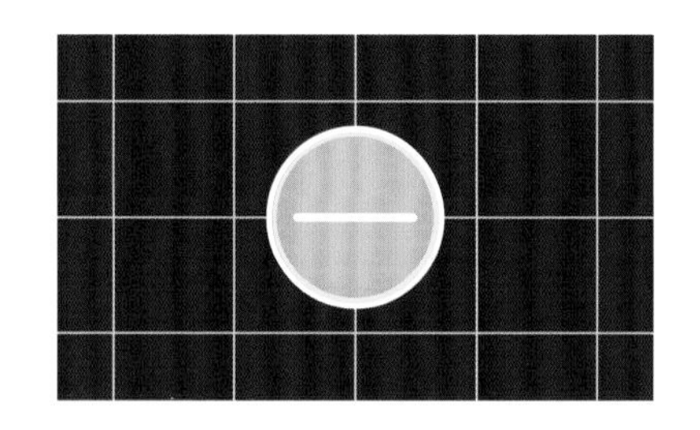

（2）交流海底电缆：电流方向随时间作周期性变化，电力传输损耗较大，但运维技术成熟，配套设施建设费用小。

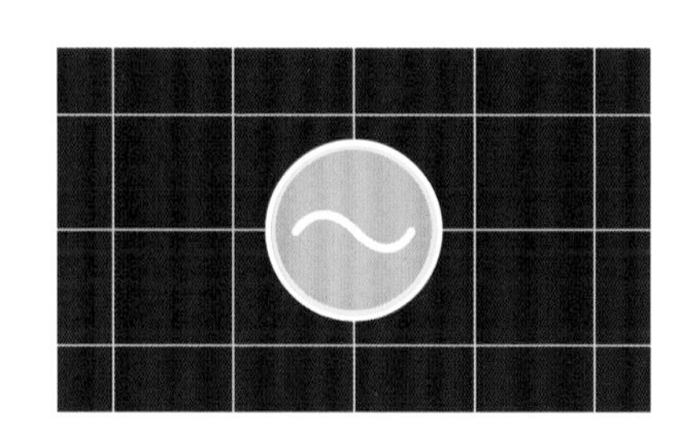

电流方向对比

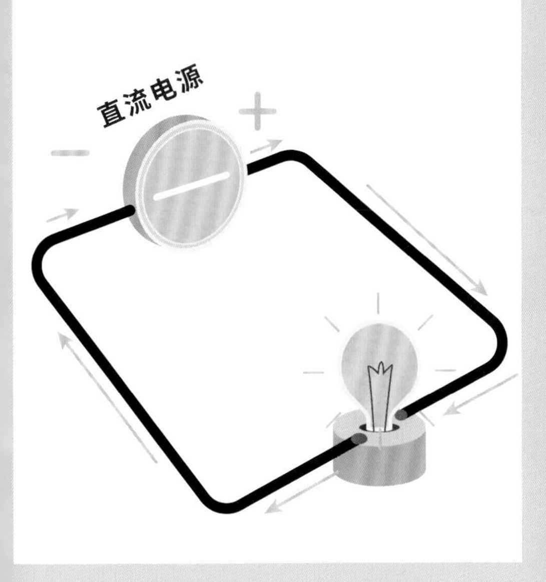

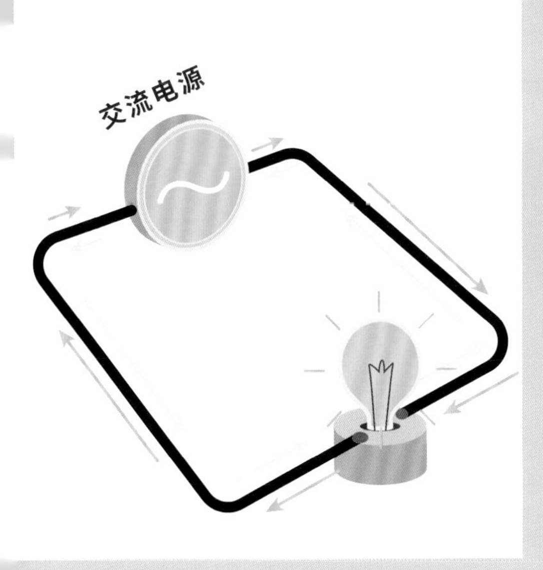

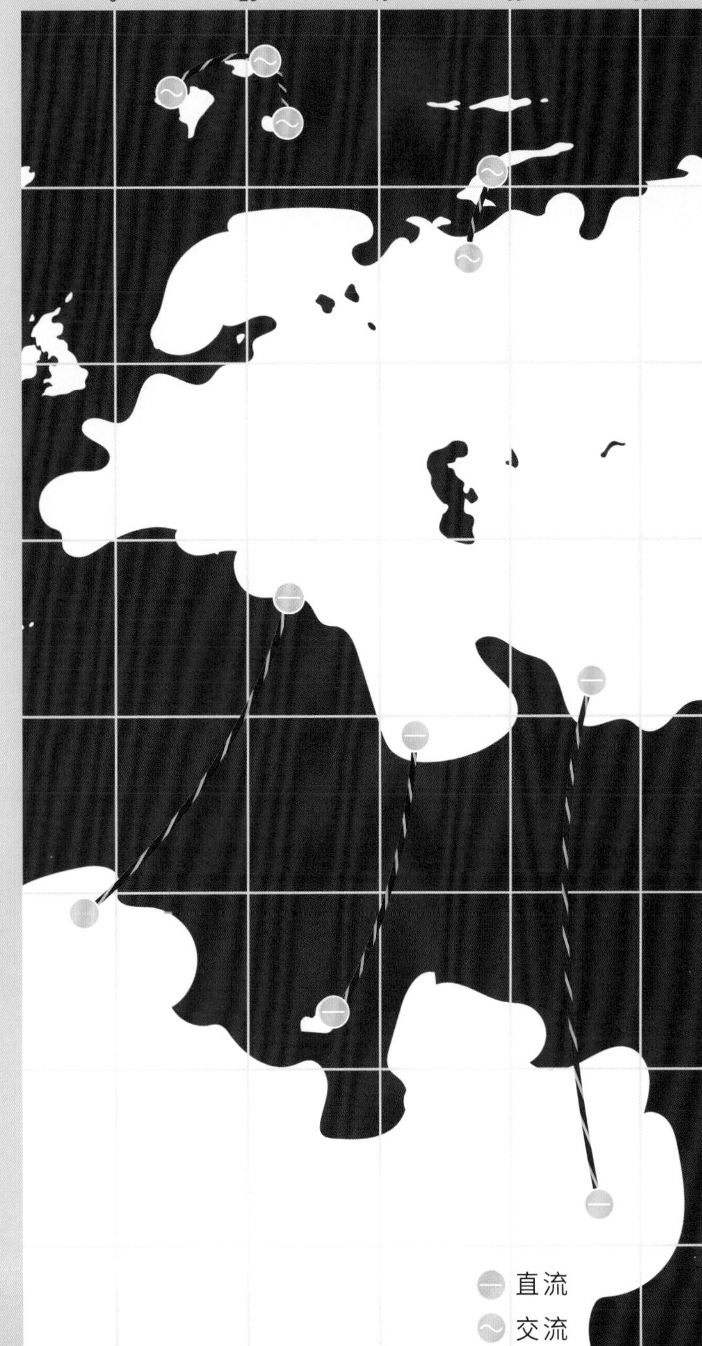

输电距离对比

直流海底电缆　陆地　长距离　陆地

交流海底电缆　陆地　短距离　陆地　陆地

2.按线芯结构分类

根据线芯结构，海底电缆分为单芯、两芯、三芯、光纤复合四种类型。

(1) 单芯海底电缆：只有一根线芯，制造工艺成熟，应用最为广泛。

(2) 两芯海底电缆：有两根线芯，已应用于高压直流输电工程。

(3) 三芯海底电缆：有三根线芯，可节约海底管线廊道资源。

(4) 光纤复合海底电缆：将光纤集成于海底电缆中，既能传输电力，又可传输数据，是目前海底电缆的发展方向。

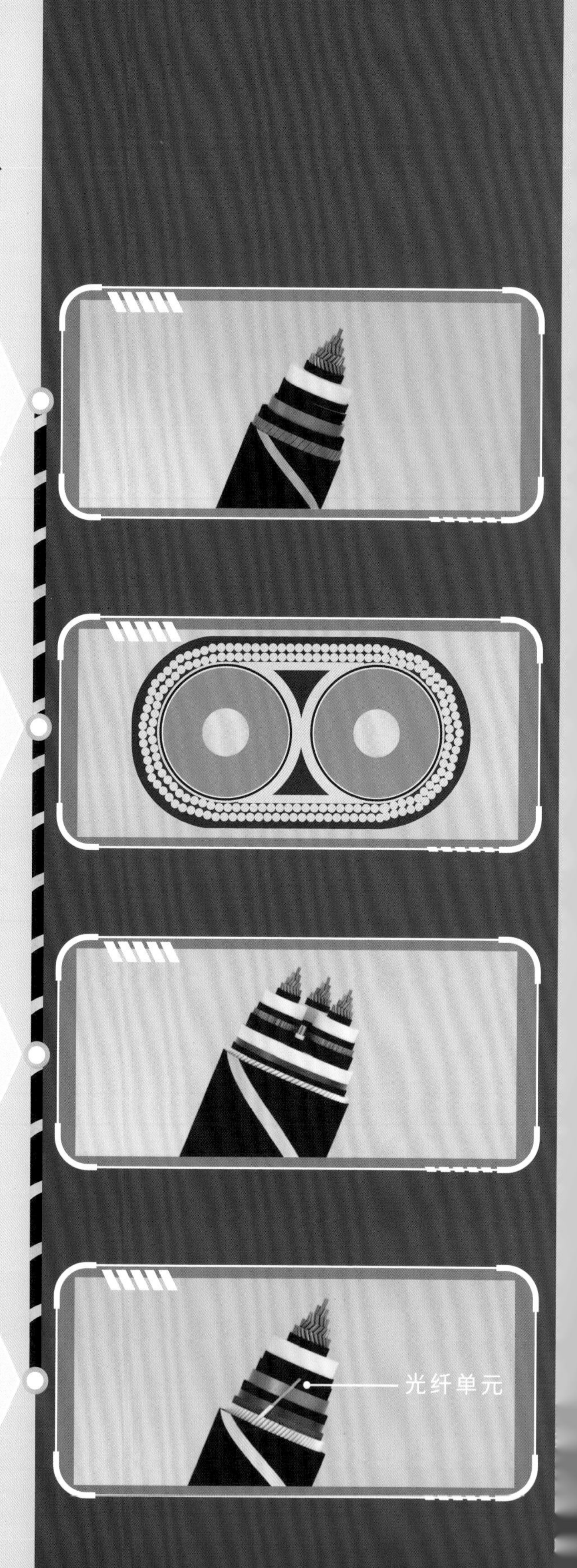

3.按绝缘形式分类

按绝缘形式，海底电缆可分为绕包绝缘海底电缆和挤包绝缘海底电缆。绕包和挤包指的是海底电缆不同的绝缘材料包覆工艺。

海电小知识——浸渍纸带

浸渍纸带由纤维纸浸渍绝缘油而成，在海底电缆的应用中，可配合补充绝缘油、绝缘气体等方式加强绝缘效果。

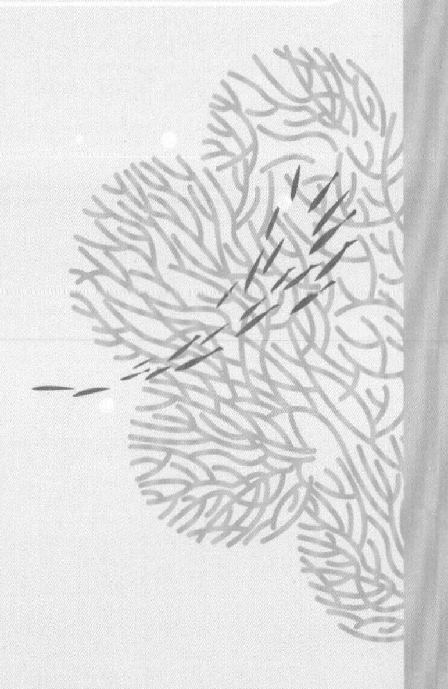

（1）绕包绝缘海底电缆：通常以浸渍纸带为绝缘材料，把浸渍纸带螺旋状地层层包绕导体，达到绝缘效果。绕包绝缘海底电缆主要有浸渍纸绝缘海底电缆、自容式充油海底电缆和充气海底电缆。

（2）挤包绝缘海底电缆：采用高分子聚合物作为绝缘材料，利用挤塑机将聚合物挤出，使聚合物均匀包覆在导体上。挤包绝缘海底电缆主要有交联聚乙烯绝缘海底电缆、聚乙烯绝缘海底电缆和乙丙橡胶绝缘海底电缆。

目前，在国际海洋输电工程中使用较多的是自容式充油海底电缆（绕包）和交联聚乙烯绝缘海底电缆（挤包）。

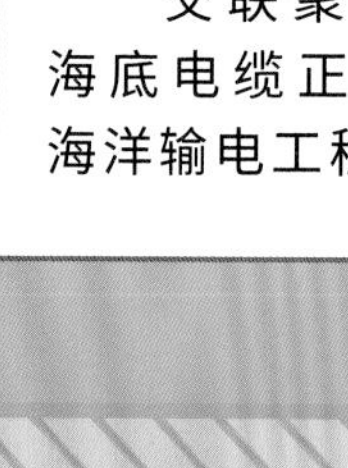

胜

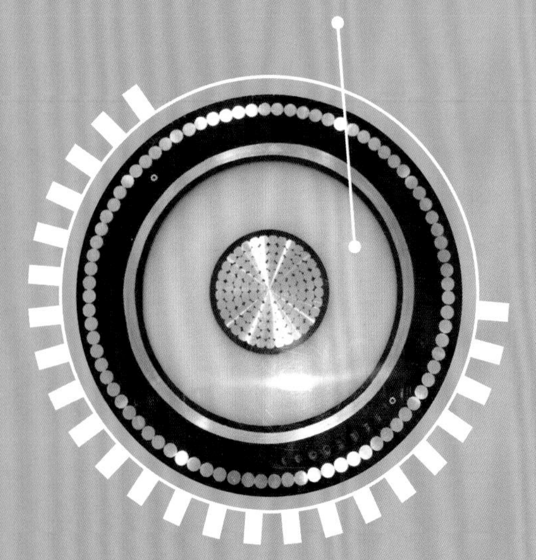

交联聚乙烯绝缘海底电缆

自容式充油海底电缆

优点

电气性能、耐热性能、机械性能优越；敷设落差不限；
安装、维护简单。

缺点

技术较新，制造与运行经验不如自容式充油海底电缆。

优点

可靠性高；
历史悠久，运行经验丰富。

缺点

敷设落差受油压限制；
设有供油系统，安装维护不便，存在漏油导致海洋污染的隐患。

第二节　身体扫描——海缆结构

海缆君深居海底，其貌不扬，却有满肚子的“干货”。

与陆上的电缆兄弟相比，海缆君的身体构造更复杂，材料性能要求也更高。形成这种区别的原因是海缆君既要提防人类海上活动带来的外力破坏，又要承受海洋中高压力、强腐蚀的恶劣环境，因此需要更严密坚固的保护“铠甲”。

下图是典型的陆地电缆和海底电缆截面图，一起来看看它们的结构有何不同。

陆地电缆

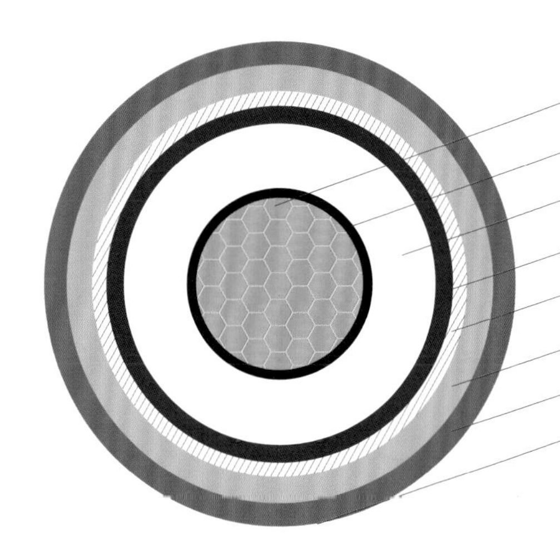

海底电缆

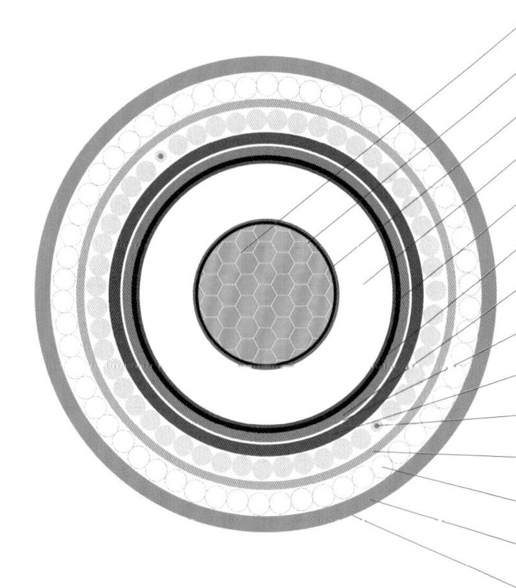

1.海缆君的身体构造

海缆君导体外共有四层结构，分别从绝缘、防水、防护、防腐四个方面，由内到外组成安全屏障。

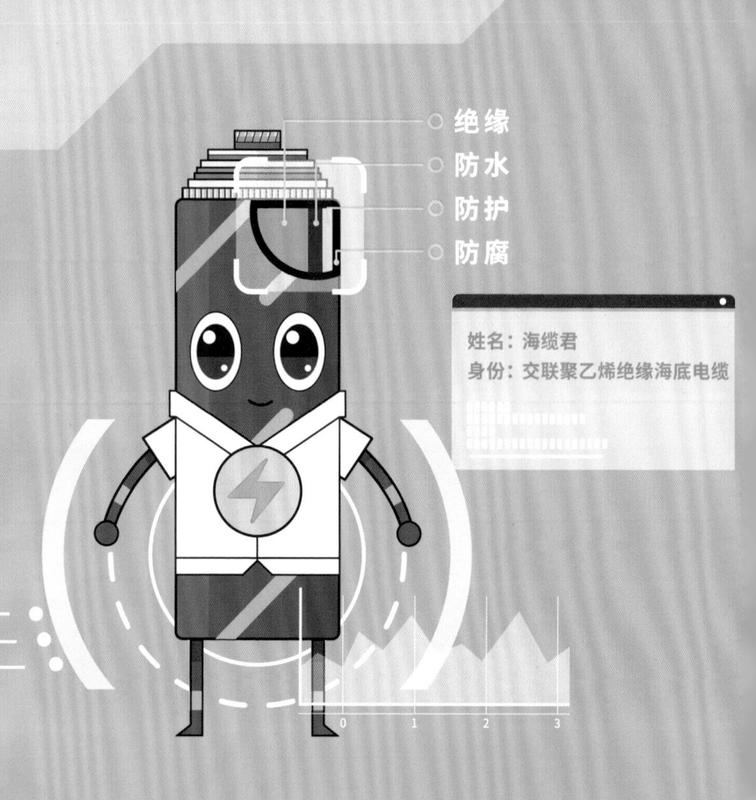

导　体——负责承载电流，由铜或铝制成，目前大多数海底电缆都采用铜导体。

绝缘层——对导体中电流起绝缘作用，由“导体屏蔽、绝缘、绝缘屏蔽”三层组成。

防水层——防止水分侵入损害绝缘层和导体，主要有金属护套和聚合物护套两种类型。

防护层——提供机械保护和实现张力稳定性，用金属线沿电缆纵向绞制而成。

防腐层——起防腐保护作用，一般由挤包聚合物或聚丙烯绳制成，并涂覆沥青。

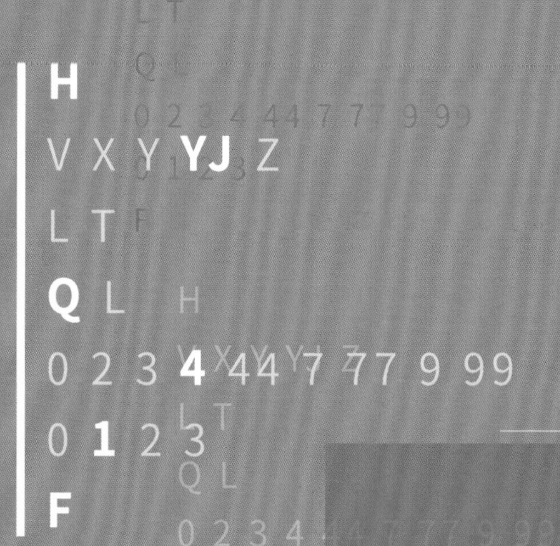

2.海缆君的组成材料

工程师在制造海底电缆之前，都要综合考虑海域状况、传输长度、建设成本等因素，选择海底电缆每一层结构的组成材料，由此产生出许多不同类型的海底电缆。

那么如何快速了解一根海底电缆的组成材料呢？我们可以通过海底电缆型号获取答案。根据电力电缆国家标准，海缆型号依次由系列代号，绝缘、导体、金属套、铠装、外被层特征代号和产品代号组成。

3.海缆君的型号解析

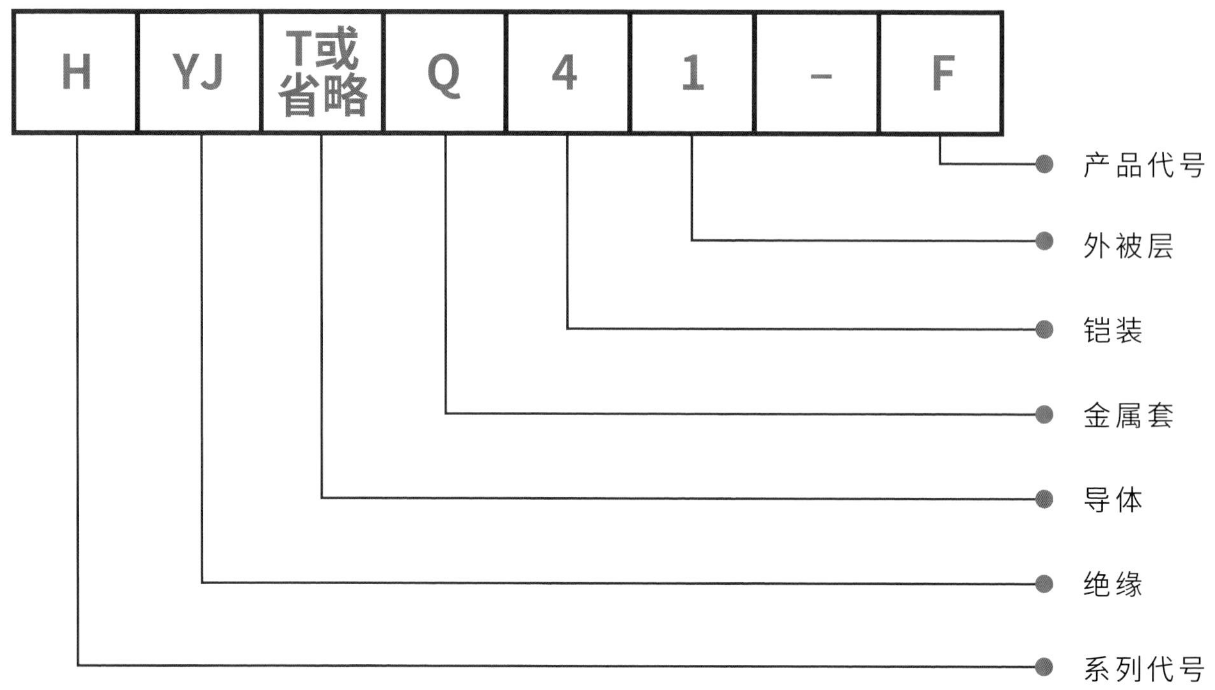

(1)系列代号:H代表海底电缆;

(2)绝缘:V代表聚氯乙烯,X代表橡胶,Y代表聚乙烯,YJ代表交联聚乙烯,Z代表纸;

(3)导体:L代表铝,T(省略)代表铜;

(4)金属套:Q代表铅套,L代表铝护套;

(5)铠装:0代表无,2代表双钢带,3代表细钢丝,4代表粗圆钢丝,44代表双粗圆钢丝,7代表铜丝,77代表双铜丝,9代表扁铜丝,99代表双扁铜丝;

(6)外被层:0代表无,1代表聚丙烯纤维外被层,2代表聚氯乙烯护套,3代表聚乙烯护套;

(7)产品代号:F代表光纤复合海底电缆。

第三节 诞生过程——海缆制造[1]

我们认识了海缆君和他的家族成员，那么大家也许会好奇，海缆君是如何诞生的呢？

海电小知识——海底电缆制造企业

海底电缆制造企业广布世界。国外海底电缆制造企业起步较早，技术比较成熟，所以在很长一段时间内主导着市场。近年来，国内企业通过自主创新，实现了高压海底电缆国产化。

国外海底电缆制造企业：意大利普睿斯曼、法国耐克森、日本藤仓、韩国LS电缆、瑞士ABB……

国内海底电缆制造企业：宁波东方电缆股份有限公司、江苏亨通高压电缆有限公司、江苏中天科技海缆有限公司、青岛汉缆股份有限公司……

1.海缆君诞生过程

海缆君的诞生需要经历复杂的流程。一般根据其结构，从内到外逐层进行制造。

下面以交联聚乙烯绝缘海底电缆为例，呈现海底电缆制造全过程。

❶ 本节所涉照片由宁波东方电缆股份有限公司提供，特此致谢。

导体绞制

金属单线拉制塑形后，用绞线机把多条单线绞合制成线芯导体。

绞线机

绝缘层在生产中会产生交联副产物，影响绝缘性能，因此需对绝缘线芯加温除气，消除交联副产物。

三层共挤VCV立塔交联生产线

绝缘挤出

挤塑机将导体屏蔽、绝缘、绝缘屏蔽同时挤出，包裹在导体上。

双层挤铅机器

护套挤制

挤铅机和挤塑机依次将铅合金、非金属护套材料挤出，均匀包覆在绝缘外部。

大口径挤塑机

成缆

铠装机进行光纤覆合（若海底电缆不含光纤则无需此工序）、聚乙烯填充条绞合、聚丙烯绳内垫层绕制、钢丝铠装绞制、沥青涂覆等工序，最后整体包覆聚丙烯绳外被层。

多功能铠装机

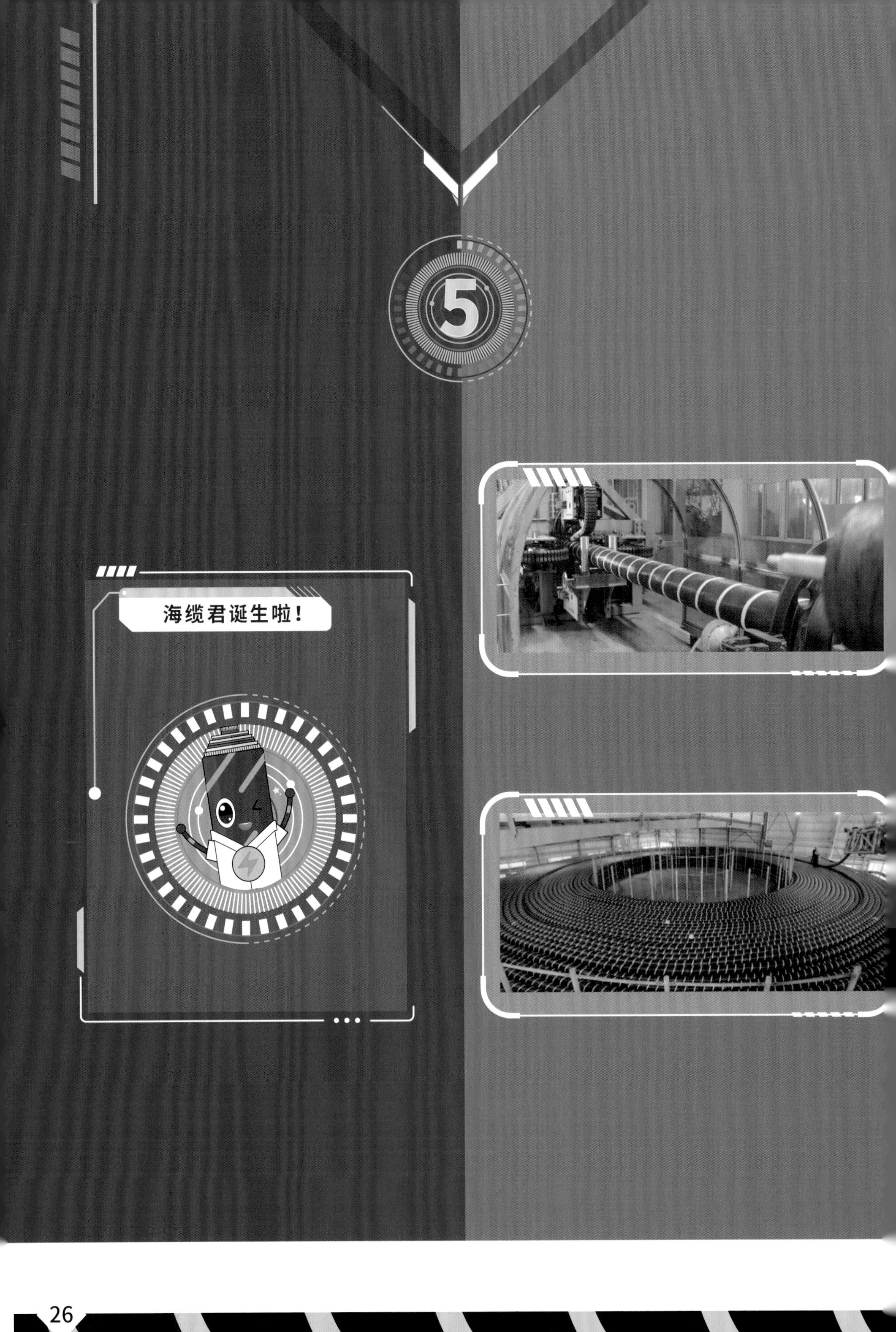
5
海缆君诞生啦！

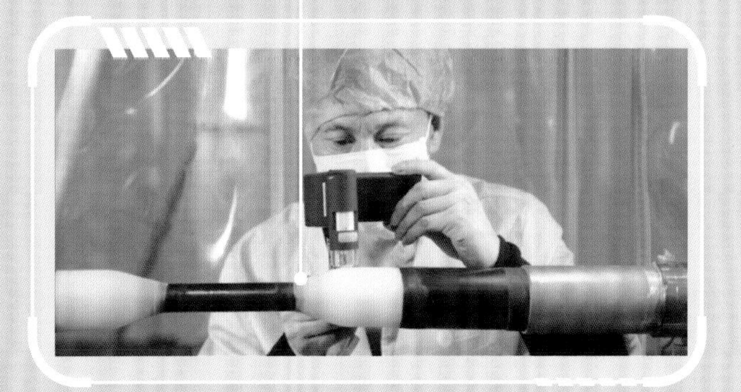

海电小知识——海底电缆工厂接头

由于制造设备和制造工艺的限制，制造出来的单根海底电缆长度有限，需要用工厂接头将一段段的海底电缆连接起来。因此工厂接头一直以来被视为大长度海底电缆生产的关键技术。目前国际上只有少数知名厂家能够制造超高压海底电缆的工厂接头。

目前国内企业已成功研发世界首个500千伏含工厂接头的交联聚乙烯绝缘交流海底电缆，并在实际中应用。

2.海缆君的储存运输

海底电缆成品长度从几千米到几十千米不等，无法采用常规电缆盘储存。海底电缆储存一般采用固定式储缆池或电动旋转收线转盘整齐地盘绕存放。

第四节　工作履历——海缆工程

全球跨海输电工程发展迅猛，海缆君拥有着丰富的海内外工作经验。

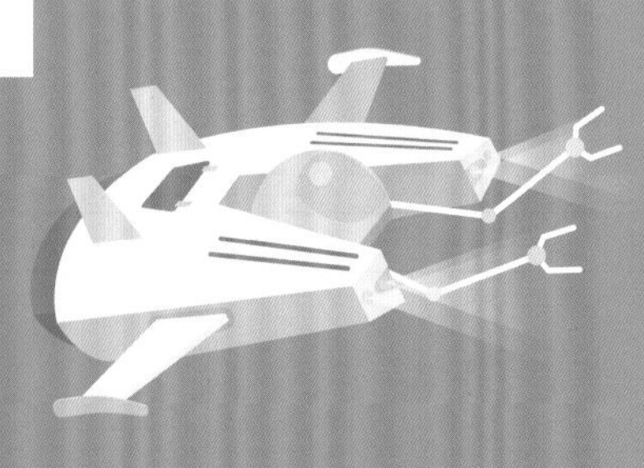

2017年
挪威—德国

世界上最长的轻型直流输电海底电缆工程，长度达600千米

2012年
意大利—黑山共和国

世界最大型的海底输电总包项目，具有重要里程碑意义的445千米海底和陆上黏性浸渍纸绝缘高压直流电缆

世界第一条100千伏直流海底充油电缆

1954年
瑞典本土—哥特兰岛一期

1973年
丹麦—瑞典

世界第一条400千伏交流海底充油电缆

1983年
加拿大—温哥华岛

世界第一条双回路500千伏交流海底充油电缆

1989年
芬兰—瑞典

世界第一条400千伏直流海底充油电缆

1999年
瑞典本土—哥特兰岛二期

世界第一条商业化运行的轻型交联直流海底电缆

2000年
日本四国—本州岛

世界单回输送容量最大的直流海底充油电缆

海缆君的国内履历

1986年
珠江—虎门

国内第一个采用深埋技术的超高压长距离海底电缆工程

1989年
宁波—舟山

国内自行研制的第一个100千伏直流海底电缆工程

2002年
嵊泗—芦潮港

国内第一个双极直流海底电缆工程

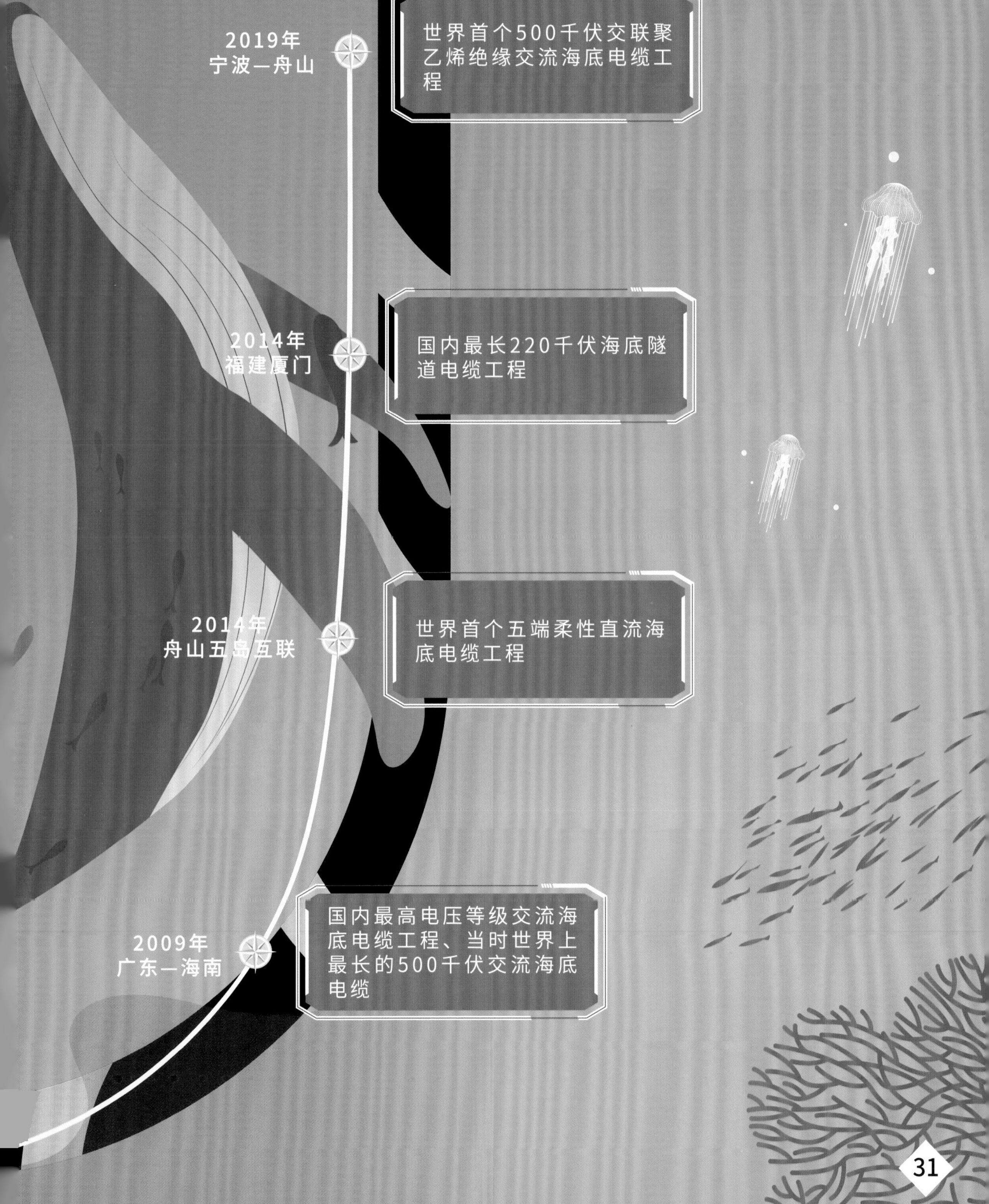
2019年
宁波—舟山
世界首个500千伏交联聚乙烯绝缘交流海底电缆工程
2014年
福建厦门
国内最长220千伏海底隧道电缆工程
2014年
舟山五岛互联
世界首个五端柔性直流海底电缆工程
2009年
广东—海南
国内最高电压等级交流海底电缆工程、当时世界上最长的500千伏交流海底电缆

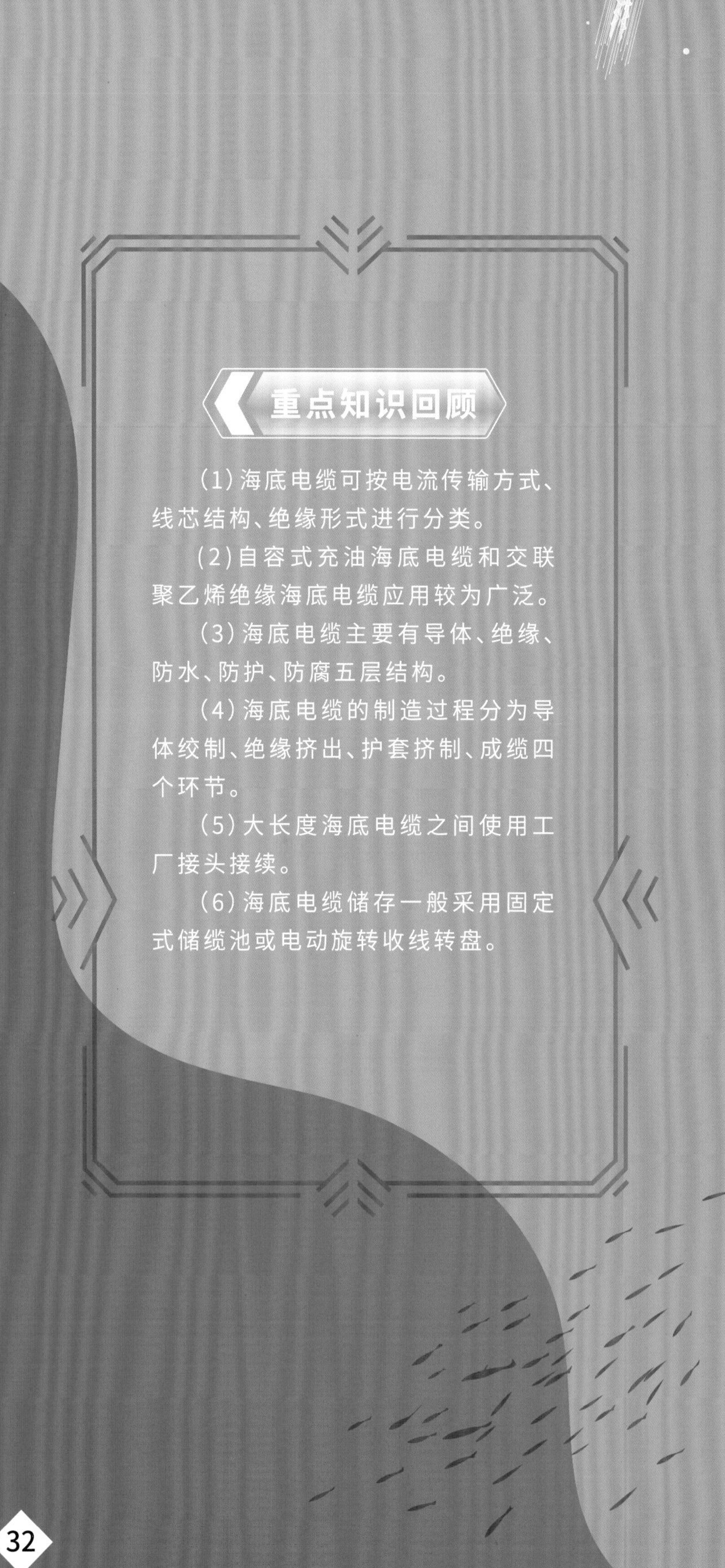

重点知识回顾

(1)海底电缆可按电流传输方式、线芯结构、绝缘形式进行分类。

(2)自容式充油海底电缆和交联聚乙烯绝缘海底电缆应用较为广泛。

(3)海底电缆主要有导体、绝缘、防水、防护、防腐五层结构。

(4)海底电缆的制造过程分为导体绞制、绝缘挤出、护套挤制、成缆四个环节。

(5)大长度海底电缆之间使用工厂接头接续。

(6)海底电缆储存一般采用固定式储缆池或电动旋转收线转盘。

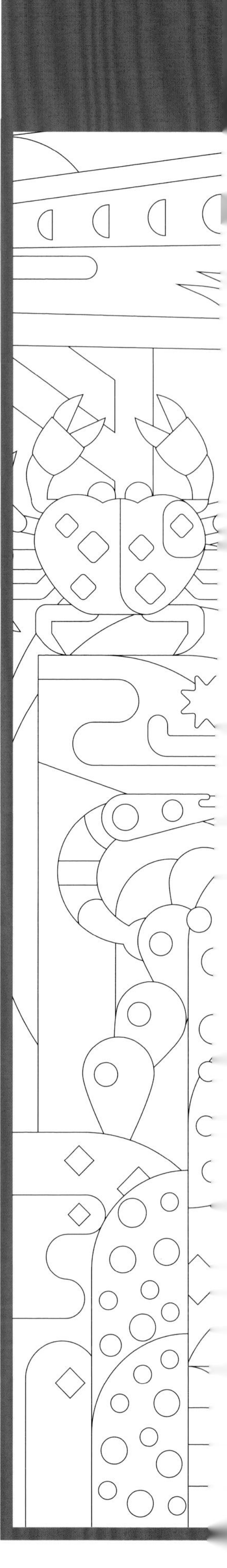

请你也来当一次“工程师”，为海缆君涂上颜色，定义一个专属于你的海缆君吧！

第三章　海洋输电施工场

海缆君诞生后就要投入海底了。那么海缆君是怎样“沉”入水里的呢？海洋输电工程一直被世界各国视为高难度的海洋工程，其中海底电缆的安装也极具技术难度。现在，跟着我和海缆君到工程施工现场一探究竟吧！

第一节　知己知彼——路由勘察

为了海缆君日后的安全运行，海洋输电的工程师要对计划施工的水域进行全面勘察，这项工作被称为海缆路由勘察。海缆路由勘察为海底电缆输电工程的选址、设计、施工和维护提供科学依据。

海电小知识——海底电缆路由

海底电缆从起点到终点的路径被称作海底电缆路由，宽度一般在0.5千米到2.0千米之间。

面对辽阔的大海，选择一条合适的海底电缆路由是海底电缆输电工程的重点和难点。海底电缆路由的选择需要综合考虑多个因素：

海洋开发利用活动及海洋功能区规划

油气开采、港口、航道、渔业捕捞区……

工程地质地球物理条件

地层区域稳定性、地震活动性、海底岩土类型和分布……

地形地貌

登陆点地形地貌、海底地形地貌……

海洋气象水文

气温、降水、风、雾、灾害性天气、潮汐、潮流、泥沙、水温、盐度……

海域使用面积和期限

用海范围界定、面积合理性分析和面积量算、期限合理性分析……

1.路由勘察内容

为了给海缆君一个相对安全、受干扰因素较少的工作环境，全面细致的勘察工作必不可少。海底电缆路由勘察的工作内容可以概括为“一查六探”。

1

查海洋规划和开发活动：查阅海域开发、规划资料。

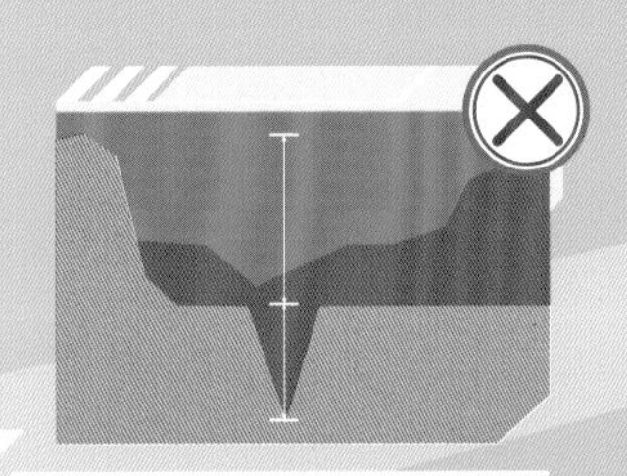

2

探地形：探明路由区域的高低落差。

3

探地貌及障碍物：扫描海底地貌以及自然或人为的海底障碍物。

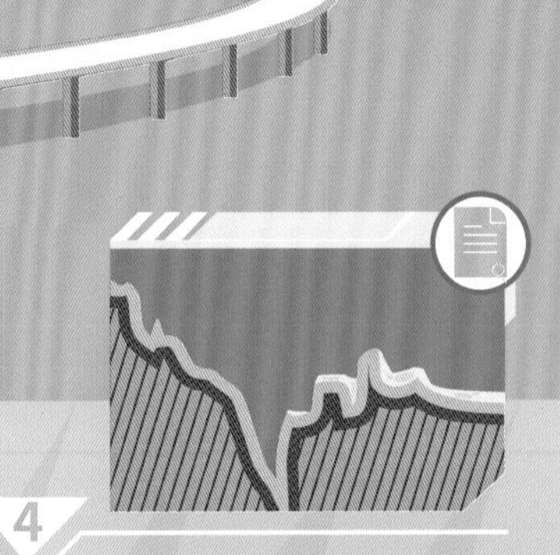

4

探地层剖面：探测浅部地层结构与岩性特征，判断是否存在古河道、海底滑坡、活动断层等不良地质。

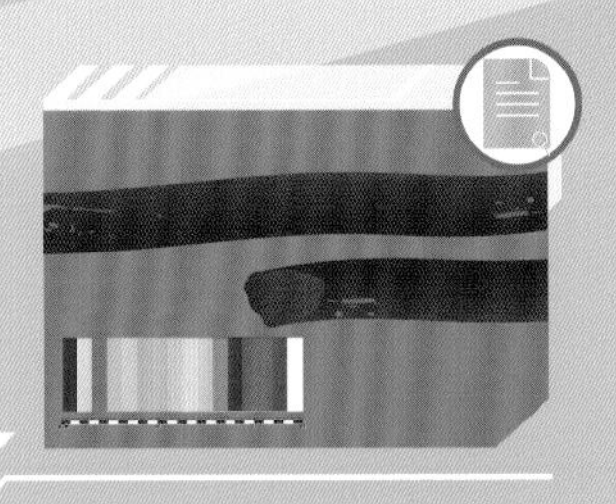

5

探工程地质：采集和分析海底沉积物，确定地质状况。

6

探海洋水文与气象：采集潮汐、波浪、风、雨、雷电等海洋水文气象极值参数，掌握水动力环境因素。

7

探腐蚀性环境：调查腐蚀性环境。

海电小知识——海底地形、地貌、地质分不清？

海底地形：海床表面形态的总称，表现其高低起伏的特点，与陆地上的“高程”相对应。

海底地貌：海床各种外貌的总称，反映其形态、成因、动力作用等，如盆地地貌、沉积地貌、冰川地貌等。

海底地质：泛指海床的性质和特征，主要包括海床的物质组成、结构、构造、发育历史等。

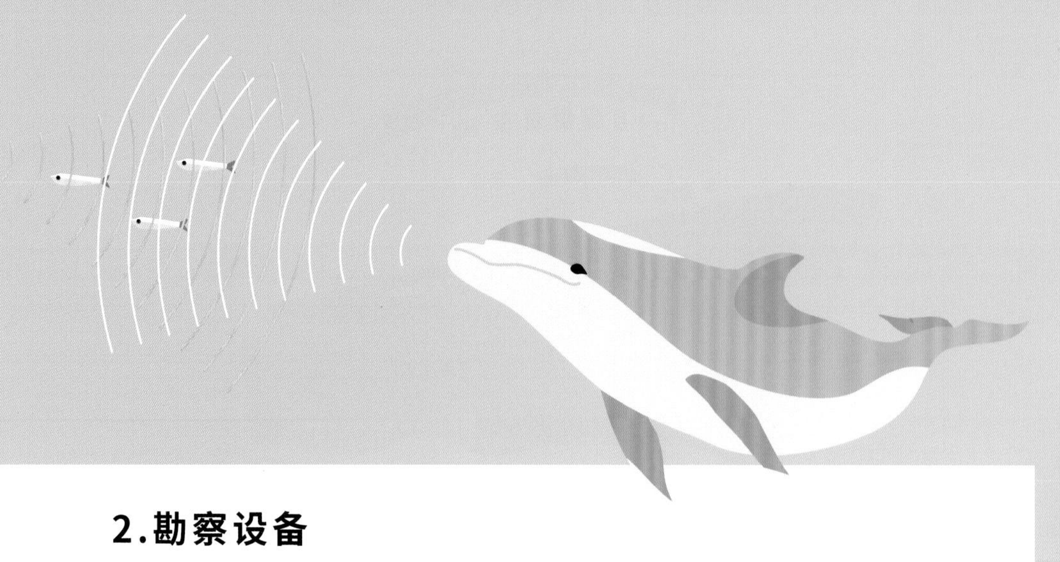

2.勘察设备

陆地上许多勘察设备运用的是电磁波技术，例如光与电。但是电磁波在水中只能传播百米左右，无法实现远距离传播。科学家发现，海豚、鲸鱼等海洋生物通过声波进行交流沟通，于是把海洋勘察技术突破的重点放在了声波上，借助超声波技术研发出一系列海洋勘察专用设备，探索更深更远的海洋世界。

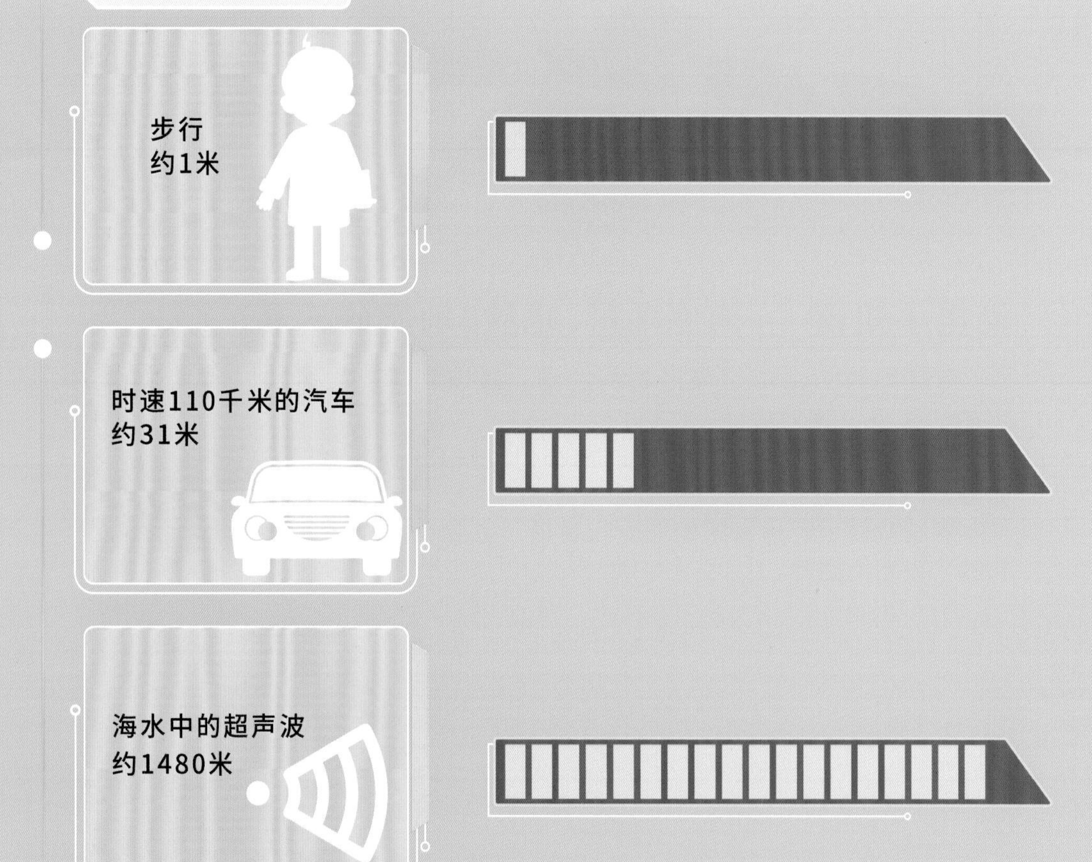

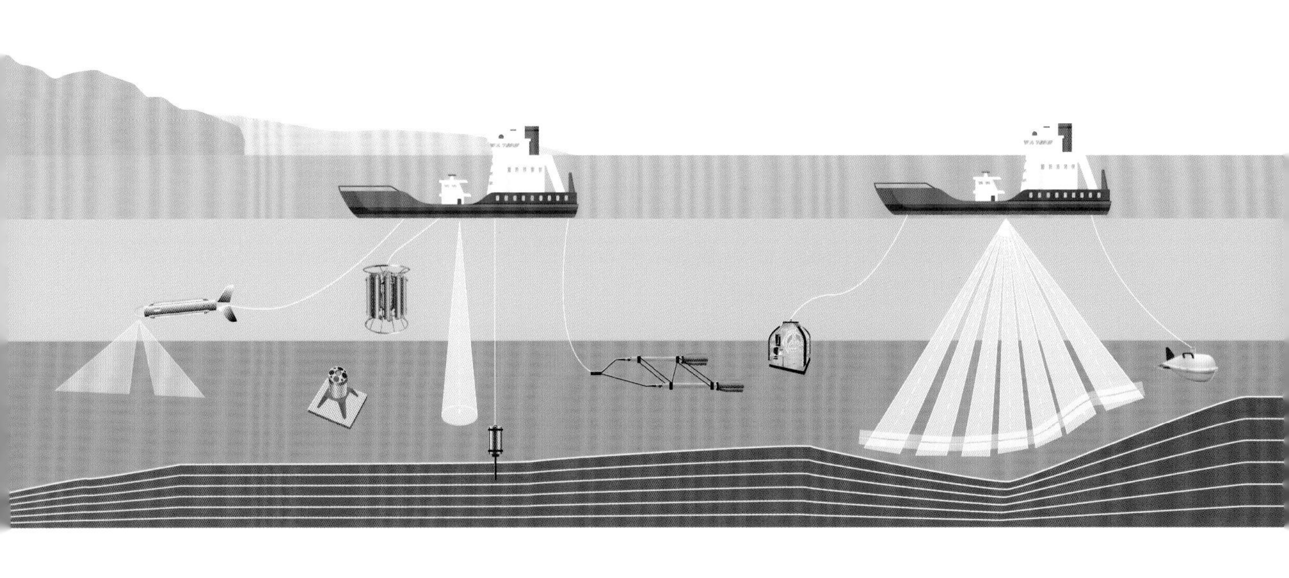

让我们一起来看看常见的几款海洋勘察设备。

(1)波束测深仪。

用于地形测量，向海底垂直发射声脉冲，声波到达海底后反射，从声波往返的速度计算得出水深。

- 单波束测深仪：又称为测深仪，一次发射一束声波，获得单点水深。
- 多波束测深仪：又称为条带测深仪，一次可发射多束声波，获得一个条带状覆盖区域内多个测量点的海底深度值，提高测量的效率。

单波束测深仪　　多波束测深仪

(2) 侧扫声呐。

用于海底地形地貌、已有管线、海底障碍物测量，可绘制出海底表面状况图，其成像效果类似于医院里的B超。

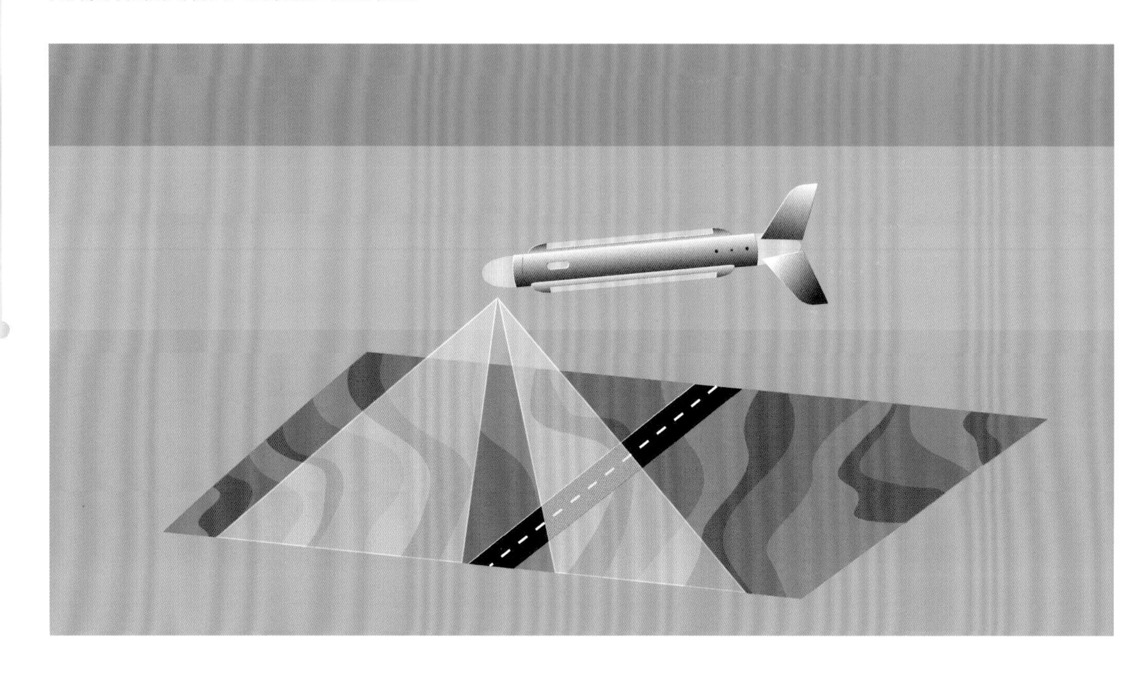

(3) 海洋磁力仪。

测量地球磁场强度的仪器，可探测出海床表面和下面的铁磁性物体的位置。

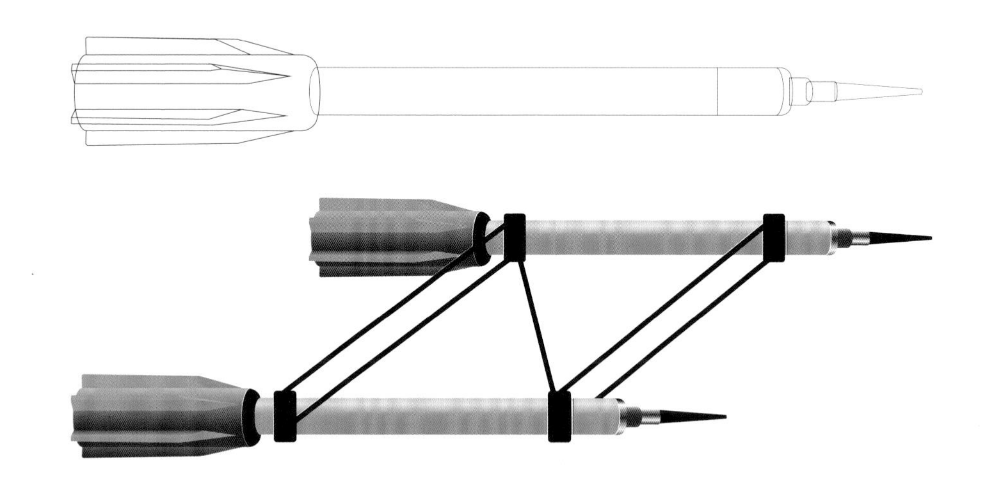

（4）地层剖面仪。

对海洋、江河、湖泊底部地层进行剖面显示的设备，结合地质解释，可以探测到水底以下地质构造情况。

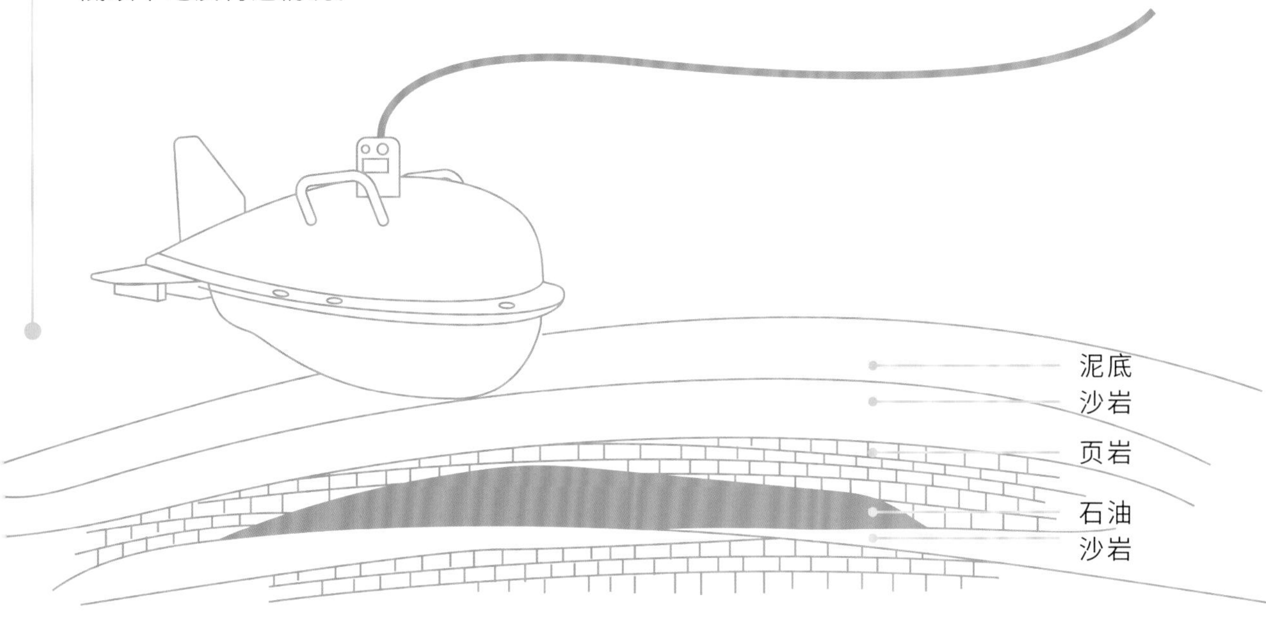

（5）重力取样设备。

用于泥质沉积物的取样，依靠取样管上方重锤自由下落的冲力，使取样管冲入沉积物中进行采样，通过样本分析得知岩土物质构成等信息。

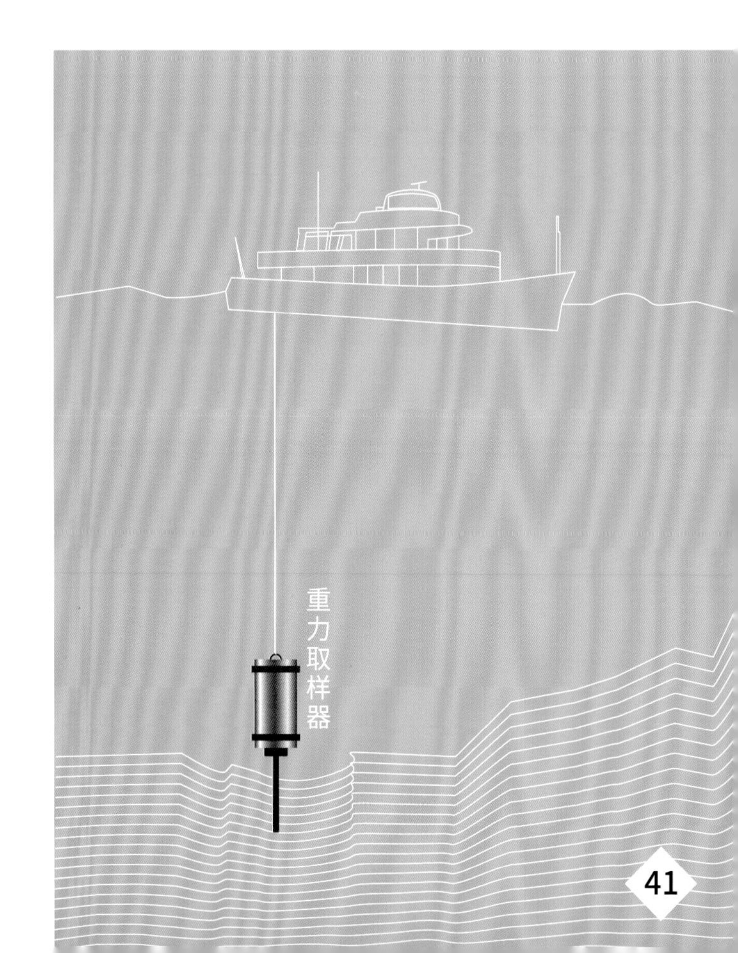

(6) 海床静力触探系统。

探测海底地质的海床土力学参数，设备中的探针贯入海底，从而获得相关信息。

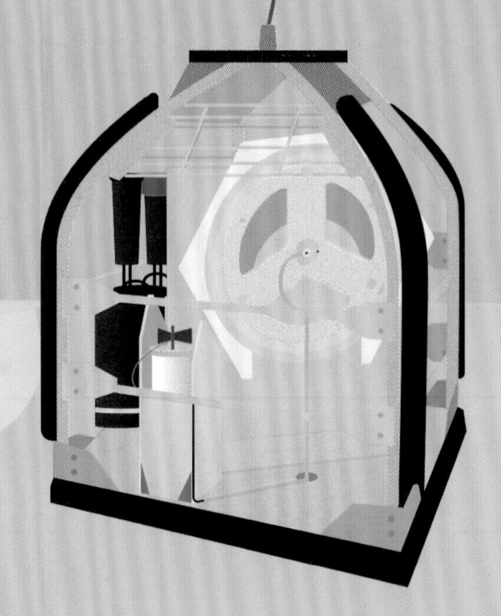

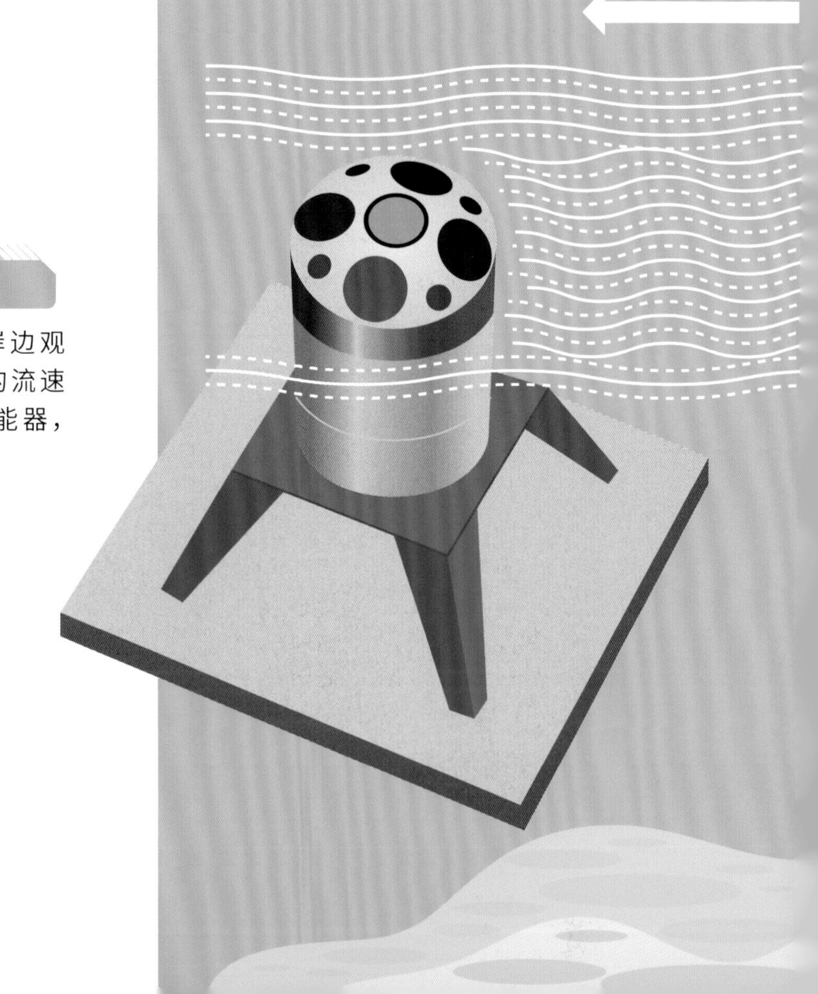

(7) 多普勒测流仪。

适用于江河、海洋、岸边观测站、船只和浮标等场合的流速和水温测量，通过超声换能器，用超声波探测流速。

(8)采水器。

采集不同深层海水样品的仪器，通过海水样品分析可获取海洋微生物、微量元素等信息。

第二节　调兵遣将——海缆敷设

海底电缆路由确定后，就要进行敷设施工了。海底电缆敷设需要借助众多装备。这时，工程师就要调兵遣将，统筹各方，让敷设施工有序高效。

1.沙场点兵

施工前，工程师根据实际工程施工需要进行“沙场点兵”，安排所需设备。

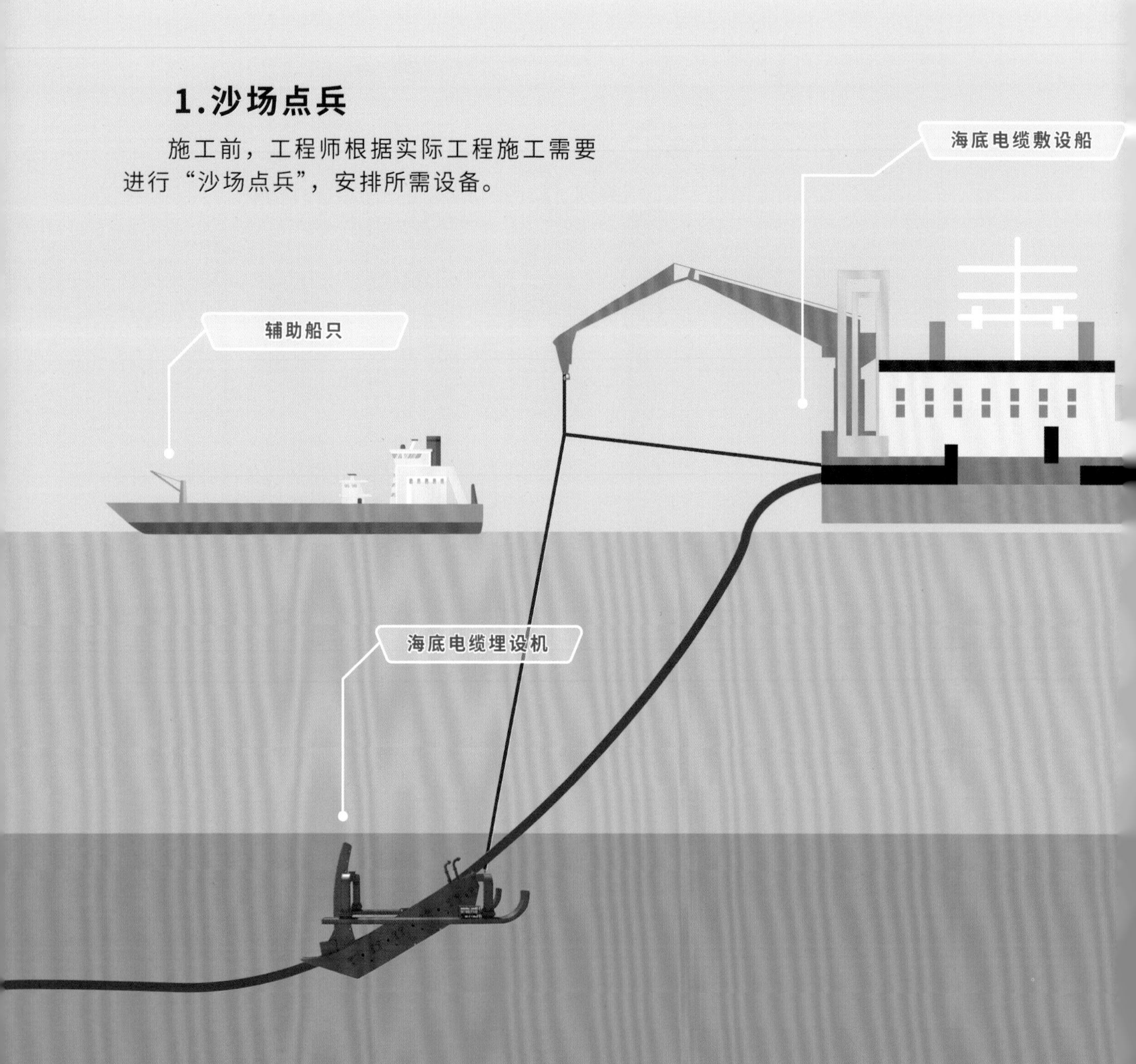

海电小知识——海底电缆敷设

海底电缆敷设是指将海底电缆布放、安装在设计路由上，形成海底电缆线路的过程。

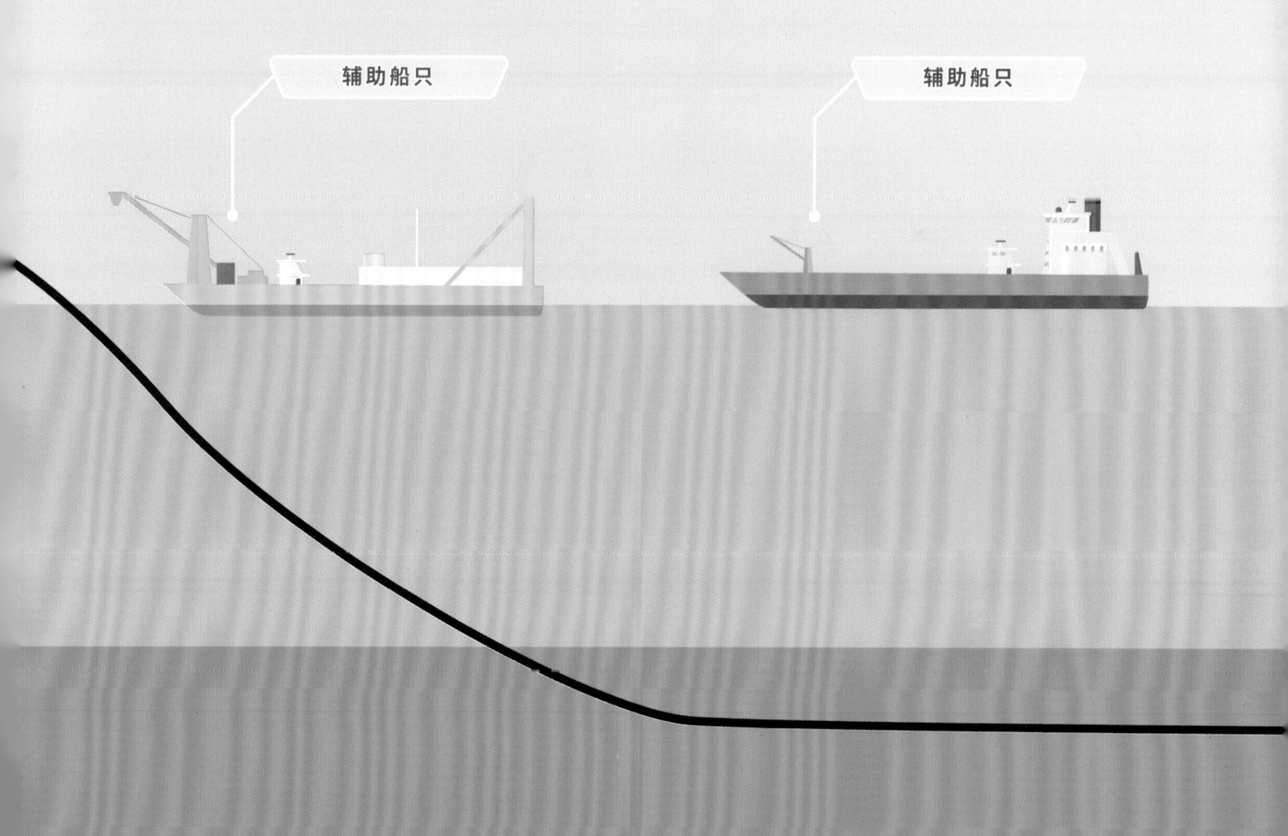

（1）海底电缆敷设船。

敷设工程的大将军，体积大，负责运载施工所需的各种设备。工程师在船上发号施令。

作业中的“启帆9号”

（2）辅助船只。

警戒船——避免未经许可的船只进入施工水域；
拖　轮——辅助海底电缆敷设船定位；
锚　艇——协助拖曳海底电缆完成登陆。

“启帆9号”是我国目前最先进的具有动力定位功能的海底电缆敷设船，它完成了世界第一条500千伏交流聚乙烯绝缘交联海底电缆的敷设。

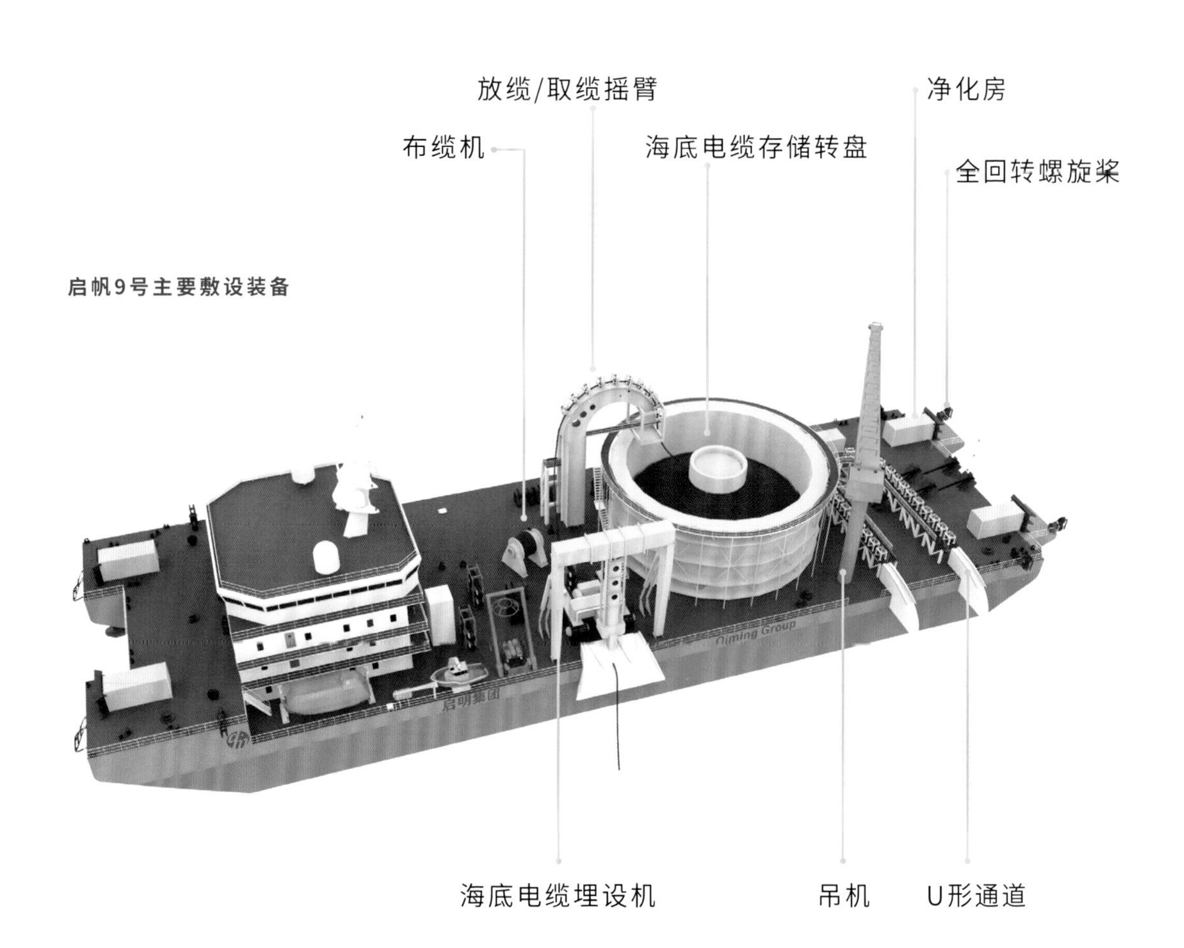

启帆9号主要敷设装备

（3）海底电缆埋设机。

负责在海底犁地的大铁牛，擅长对海床挖沟开槽，把海底电缆埋设其中后回填沙石泥土，实现海底电缆保护。

射流拖曳式海底电缆埋设机是国内常用的埋设机，带有高压喷嘴喷射水流，可在海底切开沟槽，将海底电缆埋设其中。

射流拖曳式海底电缆埋设机

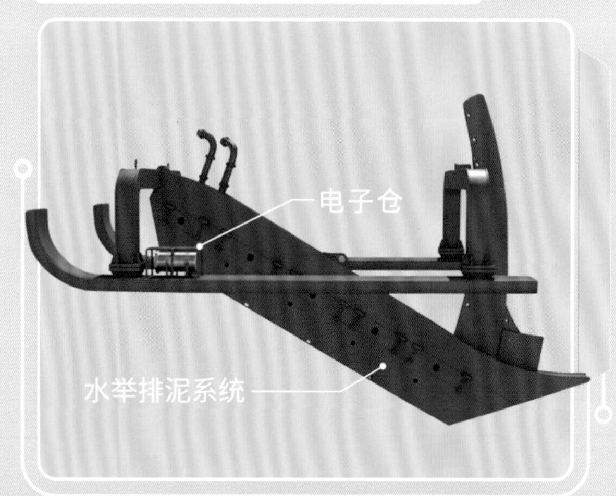

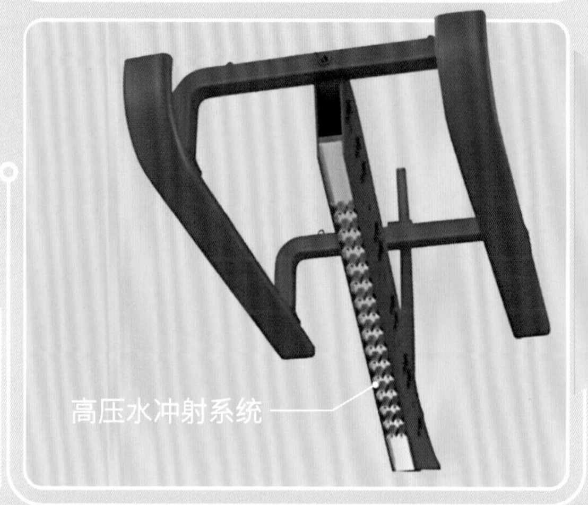

30个喷嘴；最大流速为400平方米 / 小时；冲槽宽度0.5~0.6米；埋设速度3~15米 / 分钟。

2.纵横统筹

(1)前期准备。

海底电缆敷设施工前,工程师需综合考量海底电缆施工安全、施工成本、后续维护等因素,制定施工组织方案,提交相关部门审批。

(2)过缆作业。

海底电缆制造工厂大多位于靠江或靠海的地方。海底电缆在敷设施工前,会通过电缆输送系统、导轮,从工厂转移到敷设船上。

(3)现场准备。

海底电缆正式敷设前进行路由复测、施工船舶试航、水下小型障碍物扫除等准备工作。

（4）始端登陆。

海底电缆上岸的两端称为登陆点，一般为浅滩段。通常选择登陆条件复杂的一端先行登陆，称为始端登陆。因为海底电缆敷设船吨位较大，无法驶到近岸区，所以海底电缆登陆时，敷设船会放出绑着浮包的海底电缆，由锚艇和岸边的牵引机把海底电缆拉到登陆点岸上。海底电缆上岸固定后拆除浮包，使海底电缆下沉到海底。

（5）海中段埋设施工。

牵引机将海底电缆从电缆转盘中放出，通过电缆输送系统、敷设滑轮释放至海底，利用埋设机将海底电缆埋入海床之下。敷设过程中应保证海底电缆敷设船、牵引机和转盘的速度一致。

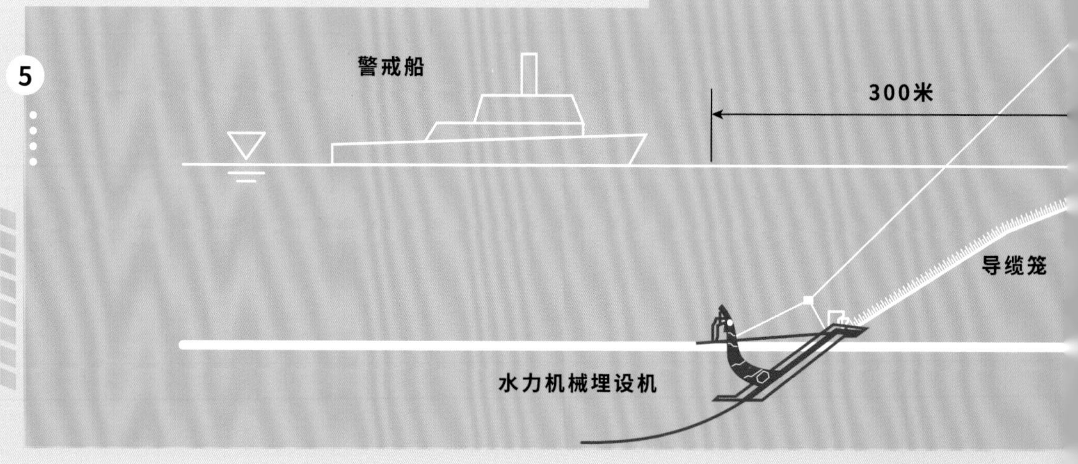

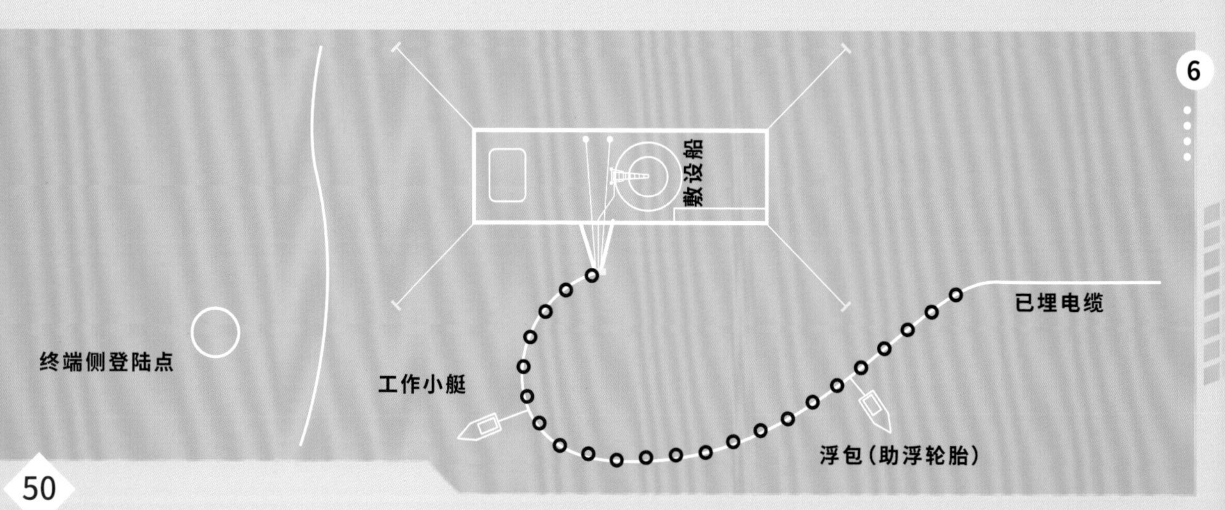

绞磨机

始端登陆点

浮包（助浮轮胎）

牵引钢丝绳

敷设船

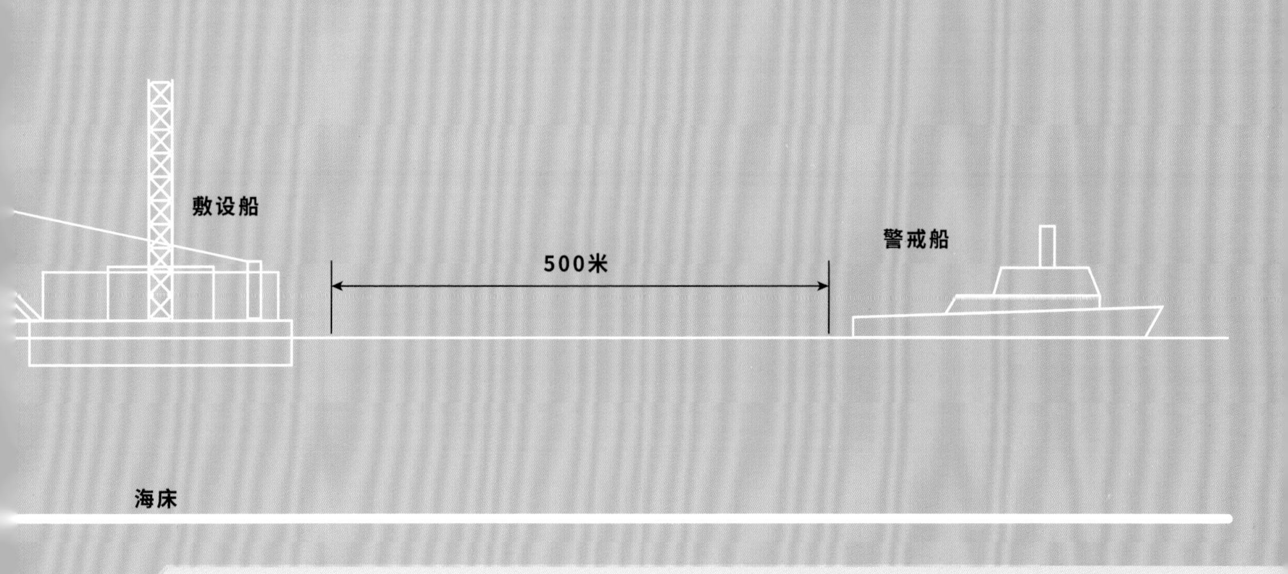

（6）终端登陆。

该步骤操作与始端登陆相近。终端登陆完成后海底电缆敷设完毕！

海电小知识——海底电缆退扭

海底电缆盘绕在电缆盘内，会产生环形扭力。如果一下子就把海底电缆解开下海，海底电缆容易四处“打摆”。因此海底电缆敷设时需要用电动转盘配合敷设速度，逐圈展开海底电缆，将扭力逐一释放。

第三节 稳筑防线——海缆保护

海底电缆敷设结束后，并不意味着工程完成，工程师还需要为海缆君披上“铠甲”。在海洋中，海缆君面临的主要危害来自两大方面：人为活动和自然活动。在海底电缆敷设时，工程师就要未雨绸缪，同时做好海底电缆水下保护措施。

1.水下防锚害

(1)抛石防护。

抛石防护是在海底电缆上方浇灌石料堆积层，既具备防御锚害的作用，同时将海底电缆稳稳压住，避免冲刷磨损。

海电小知识——预抛石防护

预抛石防护用于海底电缆敷设前填平路由悬空段、海床底质硬且凹凸不平处。

(2) 混凝土联锁排防护。

混凝土联锁排防护与抛石防护相近，但与之相比，具有整体性好、适应海床面变形能力强、易于机械化施工、造价低等优点。

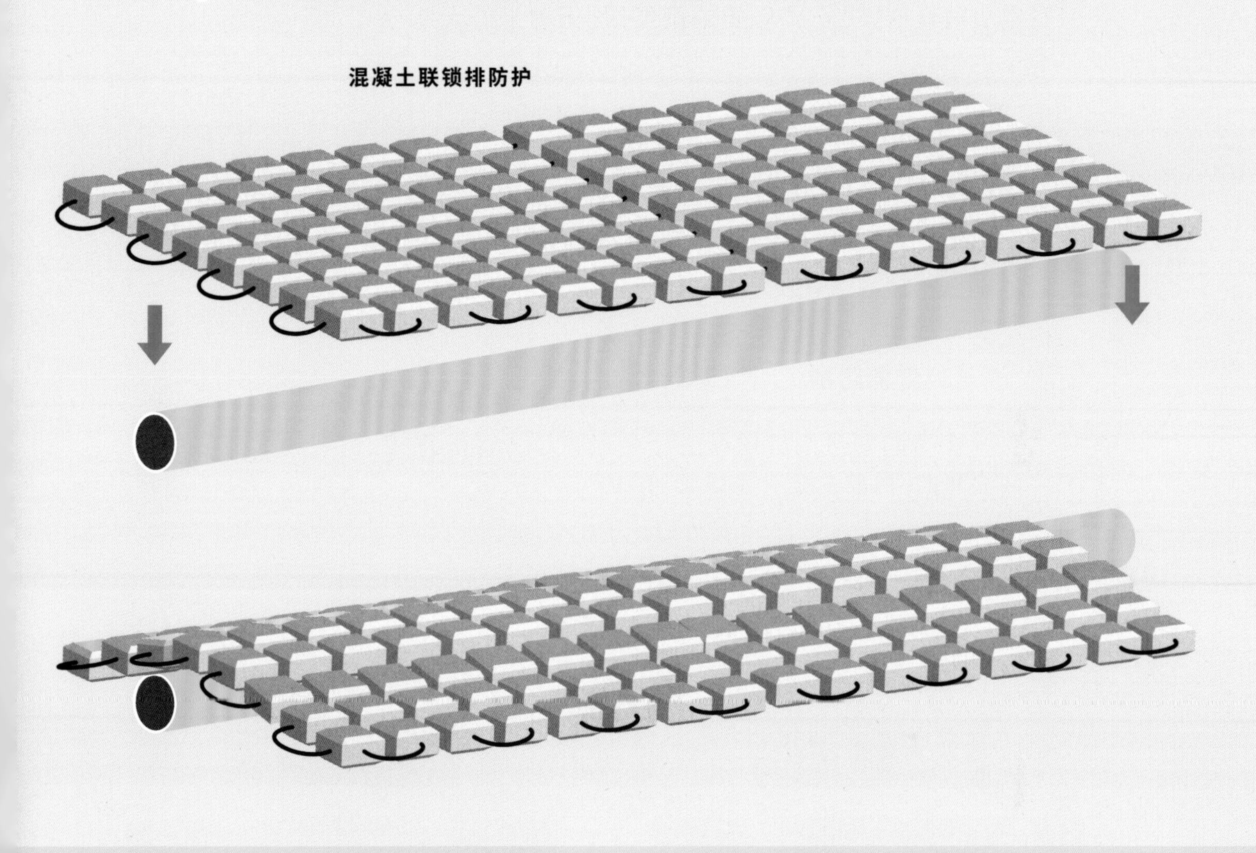

(3) 隔离钢链防护。

隔离钢链防护采用多根重型钢丝绳横跨在海底电缆左右两侧一定距离的位置，也可根据需要平行加设隔离钢链，增强防护效果。

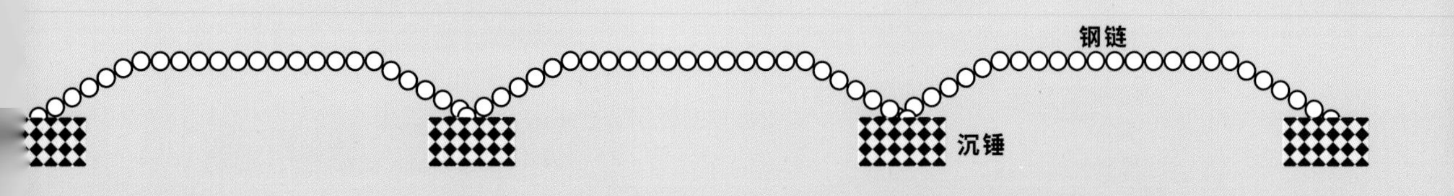

2.水下防磨损

(1)基岩开槽防护。

基岩开槽防护采用机械切割、水下钻孔和爆破等方式对较硬的岩石进行开槽挖沟,将海底电缆埋入其中实现防护。

(2)阻流板防护。

阻流板防护是在海底电缆上固定安装一块一块类似鱼鳍的阻流板。海流会在阻流板周围产生涡流,涡流对海底电缆产生向下的控制力,使其埋入海床,从而避免海底电缆移位、磨损。

(3)套管防护。

套管防护是海底电缆工程中最常见的保护方式,可有效抵御海水冲刷磨损,目前主要有金属套管和塑料保护管。

金属套管

海底电缆敷设完成后,由潜水员潜入水中进行安装。套管材料具有较强的耐摩擦性能、耐腐蚀性能、抗震抗冲击性能。

塑料保护管

海底电缆下水前,将特制的半环形套管重叠卡在海底电缆上,做好包覆保护。套管材料具有良好的抗张力、耐摩擦性能、耐腐蚀性能。

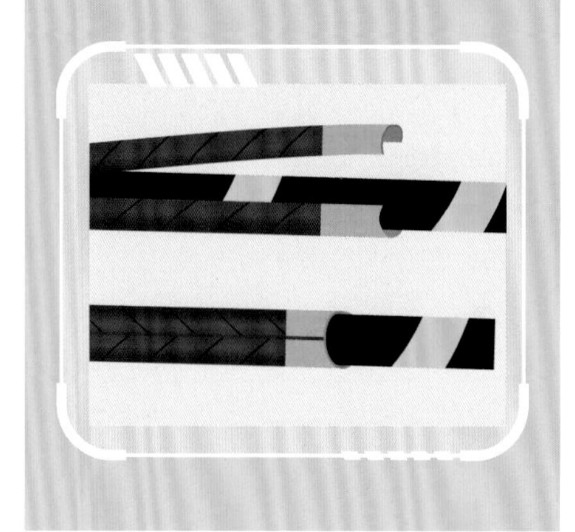

海电小知识——塑料保护管与阻流板组合防护

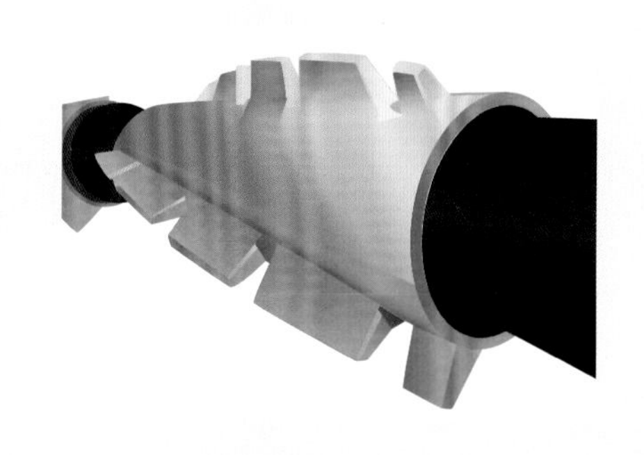

塑料保护管与阻流板组合防护，既可以抵御海水冲刷磨损，还可以改变海底电缆周边流场及压力分布，减少海底电缆两侧的压力差，达到减少甚至阻止水流冲刷管线的效果，避免海底电缆部分悬空而发生疲劳损坏。

（4）海底仿生系统防护。

海底仿生系统防护通过植入仿生海草等手段，减缓水流的冲刷，同时使水流中夹带的泥沙沉积在海床上，对海底电缆形成覆盖保护。

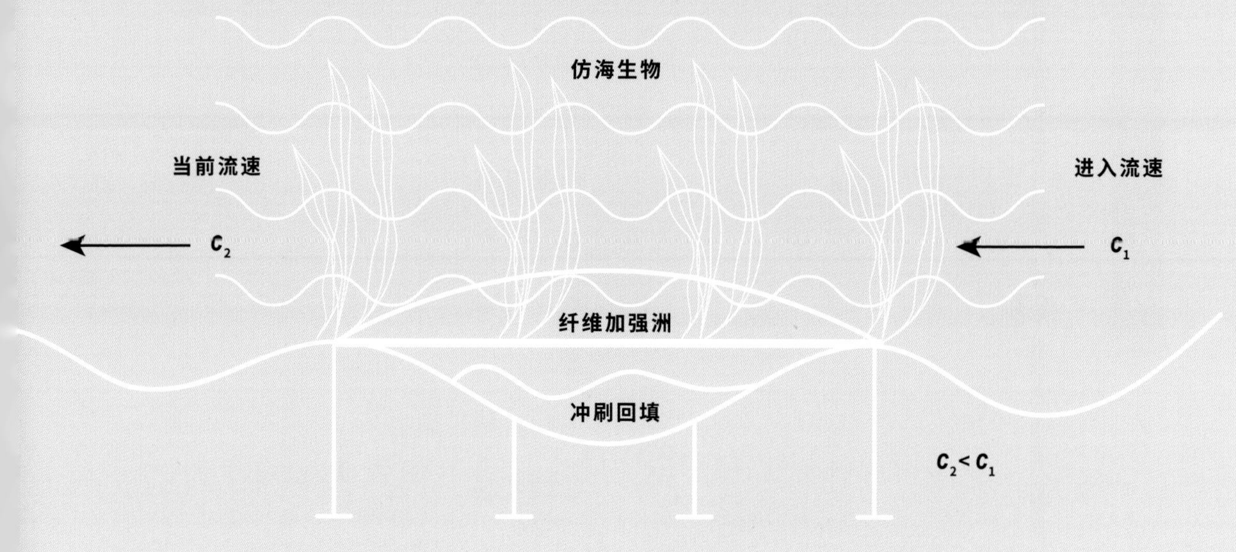

海电小知识——海底电缆敷设工程质量检查与验收

海底电缆敷设和水下保护完成后，应严格按照国家标准、行业标准进行施工质量检查与验收。海底电缆工程验收主要技术标准包括：

GB 50168—2018《电气装置安装工程 电缆线路施工及验收标准》；

GB/T 51191—2016《海底电力电缆输电工程施工及验收规范》；

DL/T 1279—2013《110kV及以下海底电力电缆线路验收规范》；

DL/T 5161.5—2018《电气装置安装工程质量检验及评定规程 第5部分：电缆线路施工质量检验》。

海底电缆工程施工过程

- 路由勘察
  - 勘察技术
    - 以超声波技术为主
  - 勘察内容
    - 查海洋规划和开发活动
    - 探地形
    - 探地貌及障碍物
    - 探地层剖面
    - 探工程地质
    - 探海洋水文与气象
    - 探腐蚀性环境
- 敷设施工
  - 主要设备
    - 海底电缆敷设船
      - 海底电缆埋设机
      - 海底电缆储存转盘
      - 放缆/取缆摇臂
      - 布缆机
      - …
    - 辅助船只
      - 警戒船
      - 拖轮
      - 锚艇
  - 敷设过程
    - 前期准备
    - 过缆作业
    - 现场准备
    - 始端登陆
    - 海中段埋设施工
    - 终端登陆
- 水下保护
  - 水下防锚害
    - 抛石防护
    - 混凝土联锁排防护
    - 隔离钢链防护
  - 水下防磨损
    - 基岩开槽防护
    - 阻流板防护
    - 套管防护
    - 海底仿生系统防护
- 工程质量检查与验收

工程师要为海缆君送去护套，保护海缆君的安全，请你帮忙找出路线吧。

第四章 海洋输电健康馆

海缆君的安全运行，关系着整个海底电缆系统的稳定。海底电缆故障所需的维修费用单次可高达上百万元，更重要的是海缆维修会对生产生活造成极大不便，海岛地区甚至会陷入无电可用的情况。即使在敷设时，工程师为海缆君做了水下保护措施，仍无法保证海底电缆不发生故障。因此，需要从海底电缆试验、运行修复、监控预警等方面加大力度，全方位守护海缆君的健康。

第一节　健康体检——海缆试验

强健的身体是海缆君安全运行的基础。严格全面的健康检查贯穿海缆君的一生，力求从源头降低海缆君的“患病”风险。

海底电缆试验的对象并不只是海底电缆，而是整个海底电缆系统。

一个完整的海底电缆系统由海底电缆本体及所有附件组成。海底电缆附件通常包括不同类型的接头和终端。

现在，就让我们来看看海缆君的“体检单”里有什么内容吧。

开发阶段

1.开发试验

开发海底电缆新产品时进行的试验，评估海底电缆和附件的结构设计、材料质量、制造工艺、电应力分布、成品机械性能及长期稳定性等方面性能。

量产阶段

2.型式试验

海底电缆新产品大量投产前进行的试验，验证该型号海底电缆系统的设计、制造具有预期使用条件的良好性能，分为机械试验和电气试验两部分。

(1)机械试验。

针对海底电缆系统阻水性能和机械防护性能进行的特色试验项目,模拟海底电缆系统在制造、运输和敷设过程承受的各种外力,检测其承受外力后能否正常运行。

卷绕:
检验海底电缆能否均匀扭转,卷绕后是否受损。

张力拉伸:
考察海底电缆在承受直线拉力情况下的形变量。

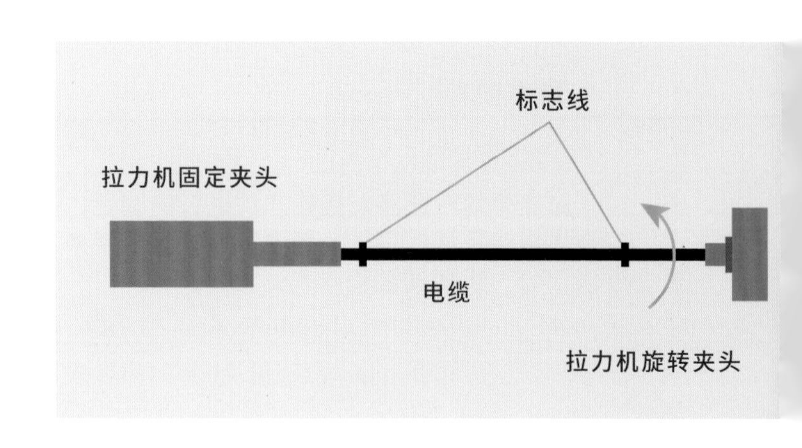

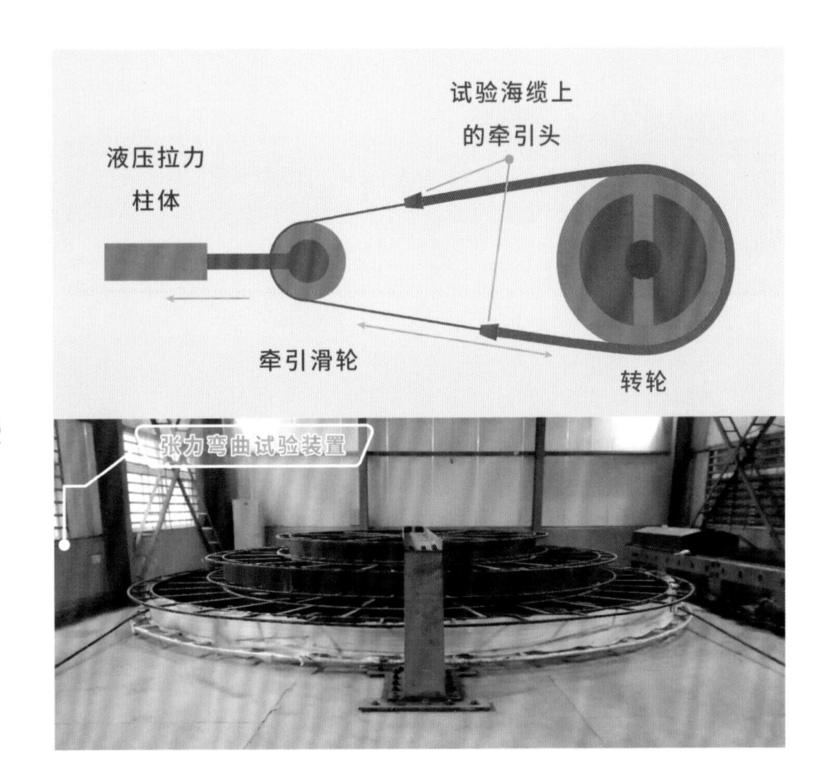

张力弯曲：
检验海底电缆在敷设时承受张力的水平。

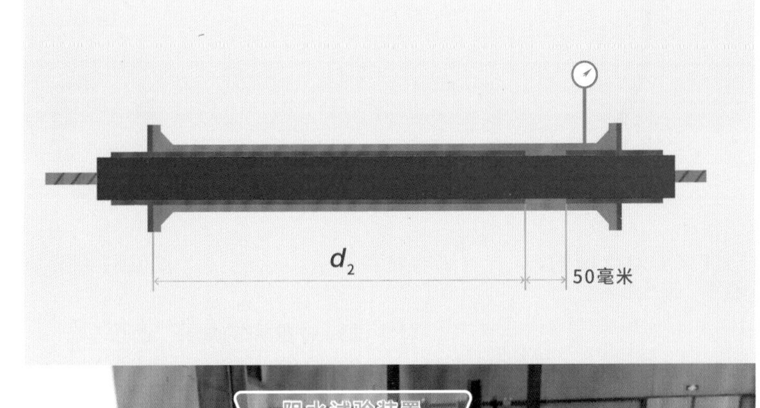

透水：
模拟海底电缆破损后浸水情况，验证海底电缆阻水性能。

(2) 电气试验。

对海底电缆系统进行通电试验，测试海底电缆系统承受由电压造成的各种极端状况的能力，包括30天负荷循环试验、冲击试验等项目。直流海底电缆系统和交流海底电缆系统的检测内容有所不同。

- 30天负荷循环试验：连续30天对海底电缆系统进行循环加热和冷却，以确保海底电缆系统能经受适度的热膨胀。一般来说，处于加热阶段的海底电缆导体温度应超过其正常运行温度，并持续一段时间。每天的负荷循环具体时长和温度根据海底电缆类型、设计要求而定。

- 冲击试验：检验海底电缆系统承受瞬时过电压的能力，冲击试验分为雷电冲击试验和操作冲击试验。

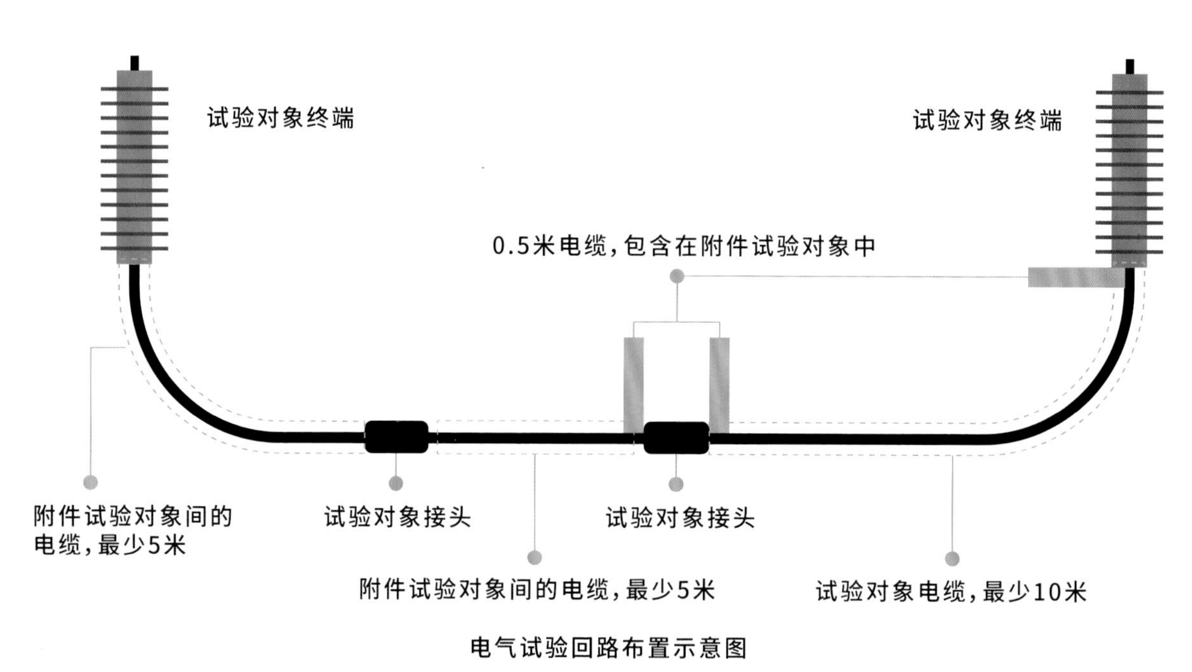

电气试验回路布置示意图

冲击试验现场

交流海底电缆型式试验现场

海电小知识

2016年7月，首根国产500千伏交联聚乙烯交流海底电缆的型式试验，在浙江舟山海洋输电研究院有限公司组织下顺利完成。本次试验的成功，打破了我国500千伏电压等级海底电缆依靠进口的局面。

76%

95%

3.预鉴定试验

在海底电缆供货前进行的试验，用于验证海底电缆系统具备符合要求的长期运行性能，试验持续时间不得少于一年。

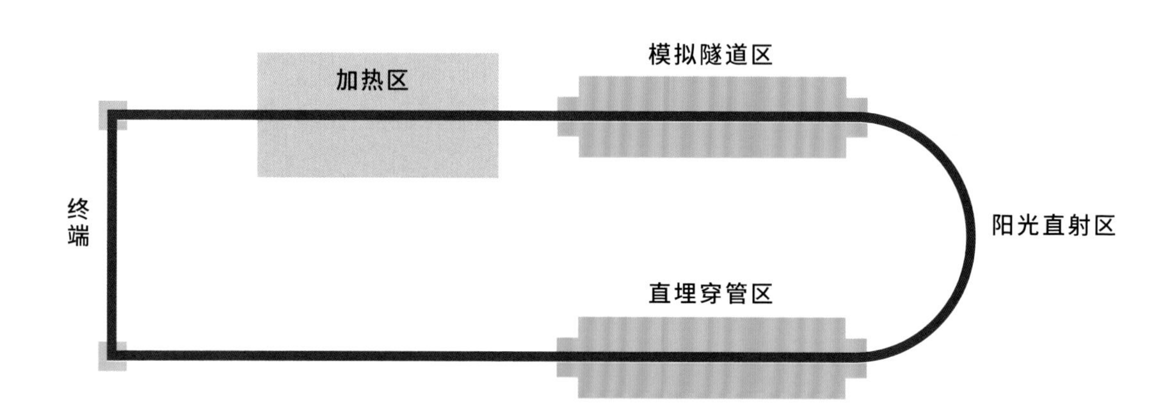

预鉴定试验场所

预鉴定试验场所的布置最大限度地模拟了海底电缆工程运行的真实环境。

供货出厂阶段

4.例行试验

对所有海底电缆成品进行的试验，检验产品的质量与设计要求是否一致，检验海底电缆的总体性能是否符合标准要求。

5.抽样试验

对每批次海底电缆成品取样试验，目的和例行试验相同，但测试项目更多。

6.交接试验

海底电缆敷设完成后进行的试验，目的是检查海底电缆安装过程中是否有损伤，确定海底电缆系统的安装质量和完整性。

交接试验现场

第二节 紧急治疗——海缆修复

海缆君投入运行后，将交由负责海底电缆运行维护工作的人员管理。一旦海缆君受到损伤，运维人员须立即前往修复，减少海底电缆故障带来的影响。

1.“听诊”

在长达数千米的海底电缆中找出可能只有10厘米的故障点，犹如大海捞针，因此海底电缆故障点定位需要借助专业检测仪器。运维人员利用仪器检测出故障点距海底电缆岸上终端接头的距离，并对照海底电缆实际路由坐标，划定故障区域。

海底电缆故障测试仪

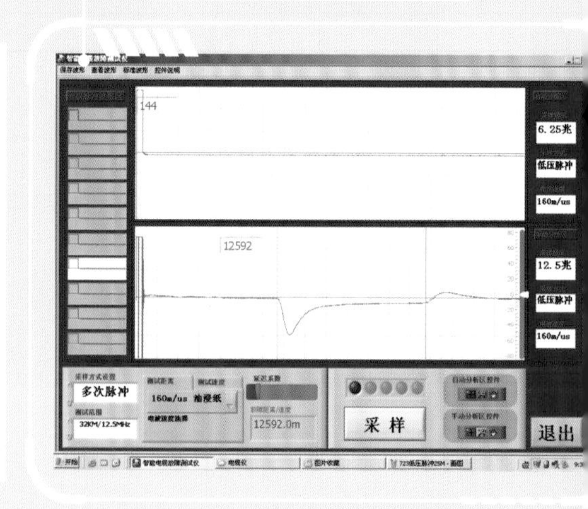

2."收治"

运维人员乘船到达故障区域后，需要把故障段海底电缆打捞上船，方能进行修复。

整体打捞出水的海底电缆

(1) 整体打捞。

运维人员会优先采用保护性的整体打捞方式，把故障段海底电缆完整地打捞上船。整体打捞需要综合考虑水深、流速、海底电缆质量等因素，避免对海底电缆造成二次损伤。根据环境不同，整体打捞主要有以下两种方式。

水面搜寻打捞法

适用条件：水深小于 5 米的水域。

操作过程：潜水员将海底电缆打捞上船，利用船上的机器牵引海底电缆，顺着海底电缆路由方向前进，逐段寻找故障点。打捞船的首尾两端设有简单的弧形槽，以保持搁置过程中海底电缆的弯曲半径。

就地打捞法

适用条件：水深超过 5 米的水域。

操作过程：初步定位故障点后，运维人员利用打捞船上的吊杆、铁锚或抓斗抓取海底电缆，将其打捞出海面。

运维人员就地打捞海底电缆

（2）切割打捞。

当遇到受水域条件影响，潜水员和常规打捞设备难以实现整体打捞，又或者海底电缆无法承受整体打捞时所产生的机械力时，运维人员需要对海底电缆进行切割打捞。

切割打捞出水的海底电缆

打捞过程中，仍留在水中的海底电缆会对被打捞出海面的海底电缆造成拉力，这种拉力就是文中所说机械力的一种。如果拉力过大可能对故障点以外的海底电缆造成损伤。

潜水员下水找到海底电缆故障点，然后割断海底电缆。

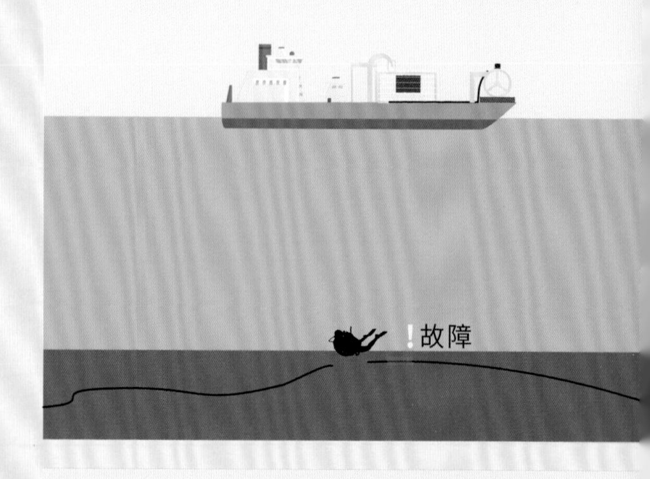

潜水员将一端海底电缆绑上浮标，作为标记。打捞船将另一端带有故障段的海底电缆打捞上船，进行修复。

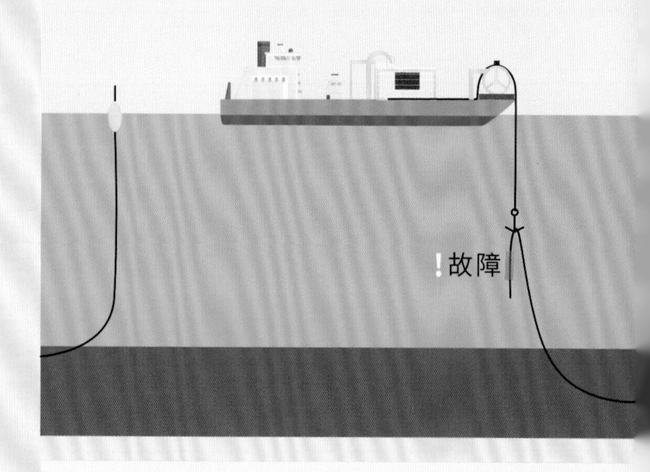

打捞船将绑有浮标的海底电缆也打捞上船。

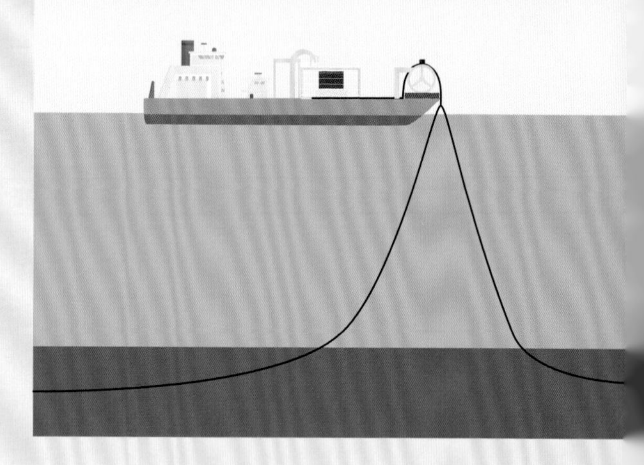

海电小知识——深埋的海底电缆如何打捞？

如果海底电缆上覆盖着混凝土、砂石等保护，需要潜水员持高压水枪或者使用其他水下作业设备，将保护层冲走，确认故障点后进行打捞。

3.“治疗”

海底电缆修复需要切除故障段，重新接上一段完好的备用海底电缆。修理接头是实现此步骤的关键部件，负责把备用海底电缆和原海底电缆的两个断点相接，完成修复。

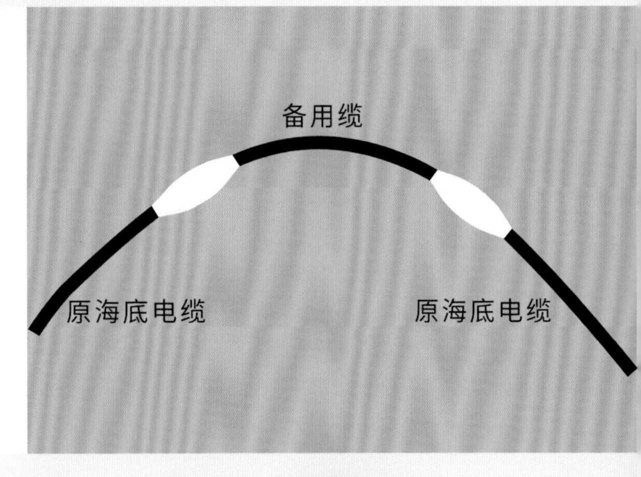

修理接头由海底电缆制造商或电缆附件制造商提供。修理接头的安装是个技术含量极高的工作，必须由经过严格训练，具有相关资质的工程师进行安装。

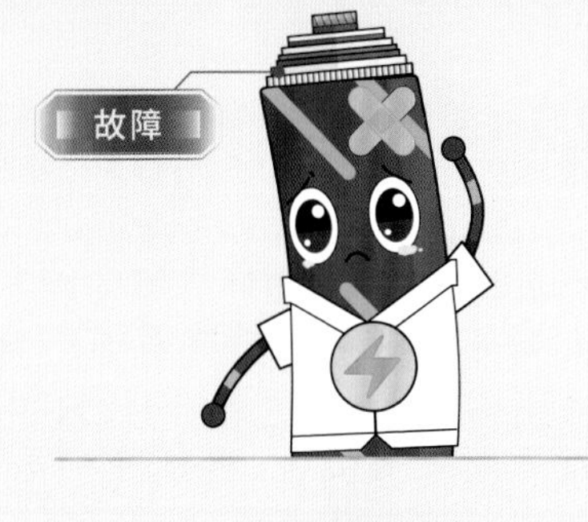

4.“出院”

海底电缆修复后，运维人员需要对其性能进行检测，测试合格后将海底电缆重新敷设入海。

5.“归档”

运维人员详细记录故障点位置、接头位置及消耗备用海底电缆长度等数据，整理相关试验报告，并保存归档。

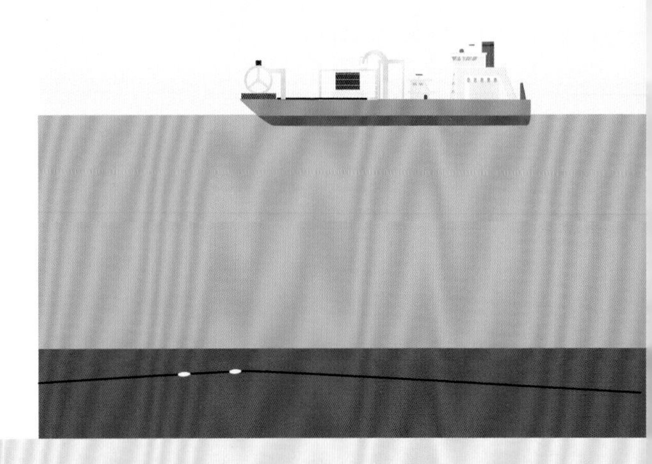

第三节 防患未然——海缆监控

与海洋地质灾害、海洋生物腐蚀等因素相比，人为外力破坏是海缆君健康运行面临的最大威胁。据国家电网有限公司统计，2005年到2011年期间，公司系统海底电缆故障共计259起，其中人为外力破坏造成的故障占了94.98%。

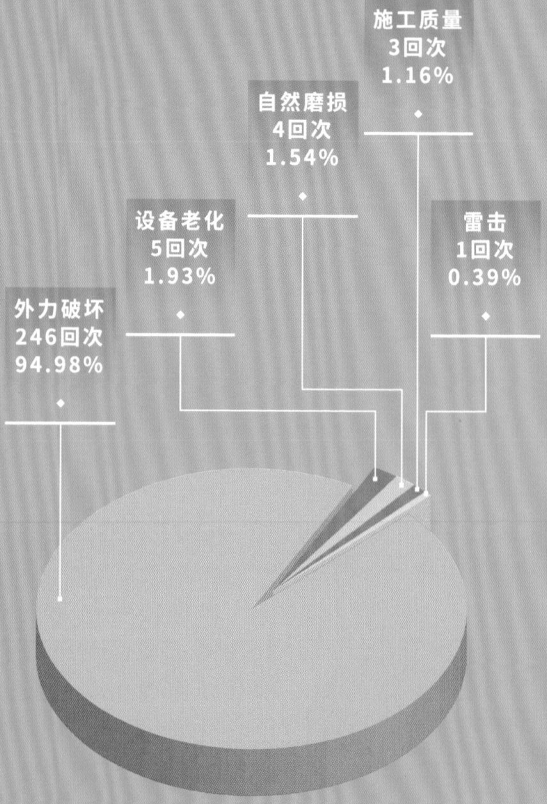

施工质量
3回次
1.16%
自然磨损
4回次
1.54%
设备老化
5回次
1.93%
雷击
1回次
0.39%
外力破坏
246回次
94.98%

那么，人为外力破坏有哪些呢？

人为外力破坏的来源有渔业捕捞、船舶抛锚与拖锚、无证施工等行为，其中船舶抛锚与拖锚是最主要因素。如果我们能在第一时间监控到潜在风险船舶，并利用好“黄金1小时”进行干预，就可以避免很多海底电缆事故的发生。

海电小知识——“黄金1小时”

根据国际海事组织统计，船舶从抛锚到起锚至少间隔1小时，这段时间是海底电缆事故预警和应急处置的最佳时机，被称为海底电缆防锚损“黄金1小时”。

1.划定防线

在辽阔的大海上，并非每一艘船舶都是海底电缆运维人员的监控对象。

我国《海底电缆管道保护规定》划定了“海底电缆保护区”，明确海底电缆保护区内禁止船舶抛锚、拖锚、捕鱼、无证施工等作业。

在海底电缆保护区内活动的船舶，是海底电缆运维人员的重要监控目标。

海底电缆保护区范围：

(1) 宽阔海域中，海底电缆路由两侧各500米的平行水域。

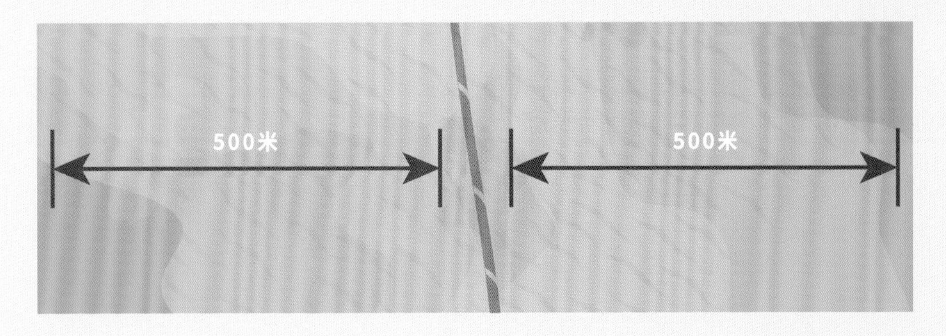

(2) 海湾等狭窄海域中，两侧各300米的平行水域。

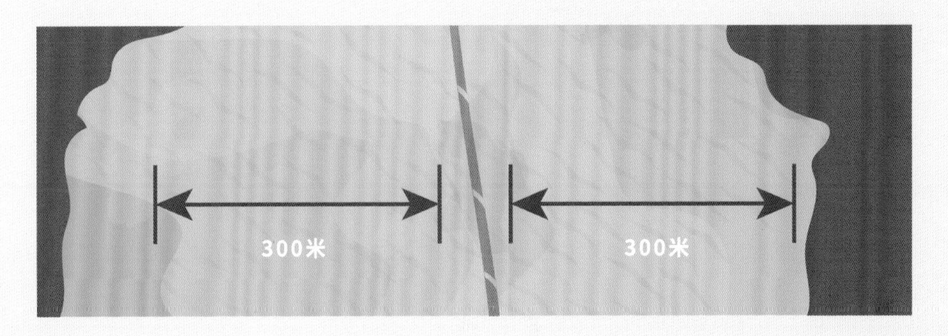

(3) 海港区内，两侧各100米的平行水域。

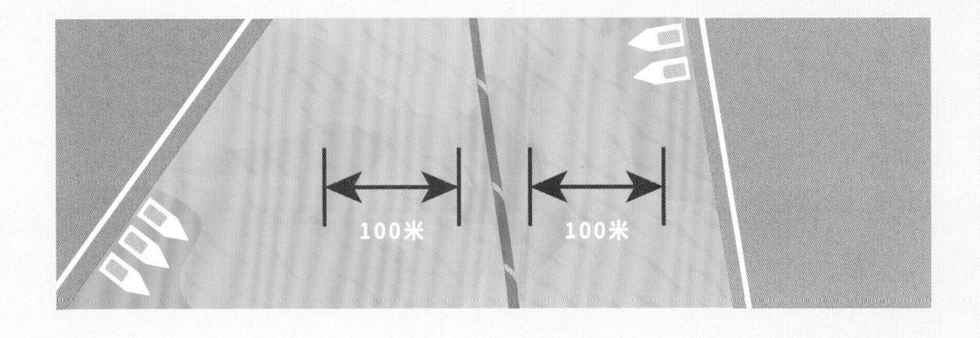

海底电缆保护的相关法律法规的出台，对海上人员起到了行为规范作用，一定程度上减少了海底电缆事故的发生。

2.严控风险

(1)传统人力监控。

20世纪90年代，海底电缆监控主要依靠人力和警示标志。运维人员的辛勤付出减少了海底电缆锚损事故的发生，对海底电缆的安全可靠运行发挥了重要作用。

传统的海底电缆监控方法主要有：

- 在海底电缆两侧的登陆点设置发光警示标识，提醒过往船舶注意此处为海底电缆保护区，禁止抛锚、拖锚。

- 运维人员值守在海底电缆登陆点附近的瞭望台，用望远镜监视海底电缆保护区内的船舶航行状况。

- 运维人员驾驶值班船，在海面上进行巡逻，对违规船舶进行警告并且劝离。

然而，传统人力监控存在着不足，如人工目视距离有限、夜间无法观察海面船舶等。同时随着海运业的快速发展和海底电缆长度的不断延长，传统的人工监控方法不能满足需要了。

（2）信息化监控。

信息化技术的发展，为海底电缆监控带来了多种监控手段，让运维人员能够“看”得更远。

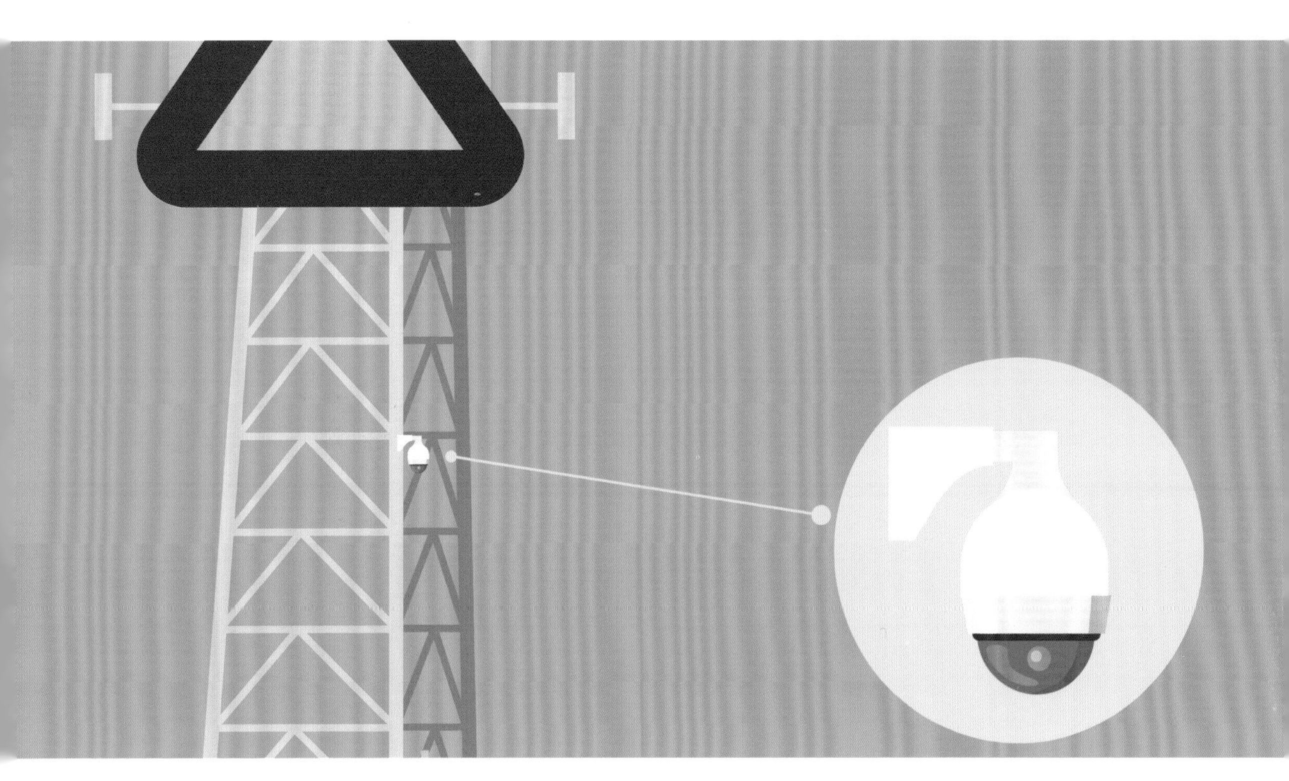

视频监控预警

视频监控是指在海底电缆登陆点两侧设置高清日夜型远程视频监控摄像头，摄像头对准监控海域，配合图像甄别技术，对静止时间过长的船舶进行锁定与录像。

优点 报警方法简单、直观，可多方位、多角度近距离观察船舶。

缺点 监控范围最大为10千米，夜间监控效果差，易受外部因素干扰产生较多的误报、漏报情况。

AIS监控预警

AIS（Automatic Identification System）是船舶行驶轨迹和状态的自动识别系统，几乎所有的现代船舶都装配了AIS系统。运维人员可通过AIS海缆监控系统，掌握附近海面船舶的船速、航向、位置等信息，并实现通话协调。

优点 应用广泛，及时可靠，不受海况和天气影响。

缺点 船舶AIS可被关闭，可能产生漏报。

热成像监控预警

热成像监控利用红外探测器和光学成像物镜，把物体发出的不可见红外能量转变为可见热图，监控船舶在保护区内的状态。

优点 不受海况影响，准确可靠。

缺点 监测范围有限，易产生漏报。

雷达监控预警

雷达设备全天候发射电磁波扫测海面，可以测定目标船舶的位置，通过两次扫描间隔的时间和船舶位置变化，计算出船舶速度，进而判断船舶在保护区内的状态。

优点 主动监测，信号强，监测距离远。

缺点 海况不好时误报率较高。

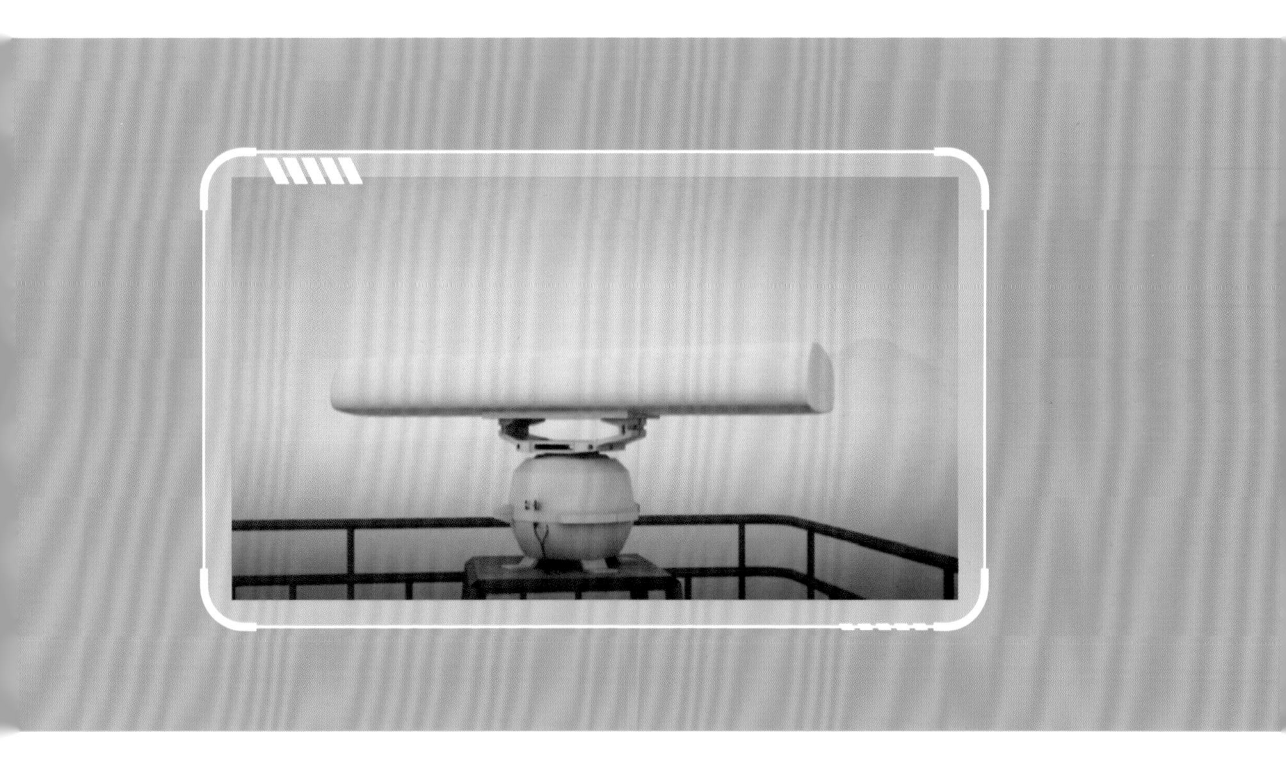

信息化监控技术大大降低了运维人员的工作负担，让海底电缆监控延伸到更远的海面。但是各种技术都有其优缺点，都存在误报、漏报，如何让海底电缆监控更准确呢？

3.一体化智能监控

一体化智能预警系统的出现，基本解决了海底电缆监控准确度问题。

一体化智能预警系统综合利用AIS、热成像、雷达等多种监控技术进行船舶实时监控，并把各系统监测到的船舶信息融合在电子海图上展示，同时系统还搭载视频联动追踪和远程语音装置，能第一时间对可疑船舶进行干预、劝导。

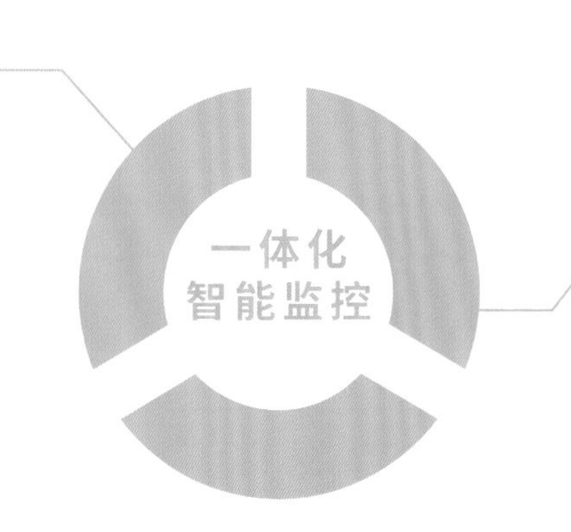

那么，运维人员是如何借助一体化智能预警系统进行海底电缆预警监控的呢？

(1)船舶监控。

多种监控技术的结合，优缺点互补，层层过滤，在最大程度上避免威胁海底电缆安全的“漏网之鱼”出现。

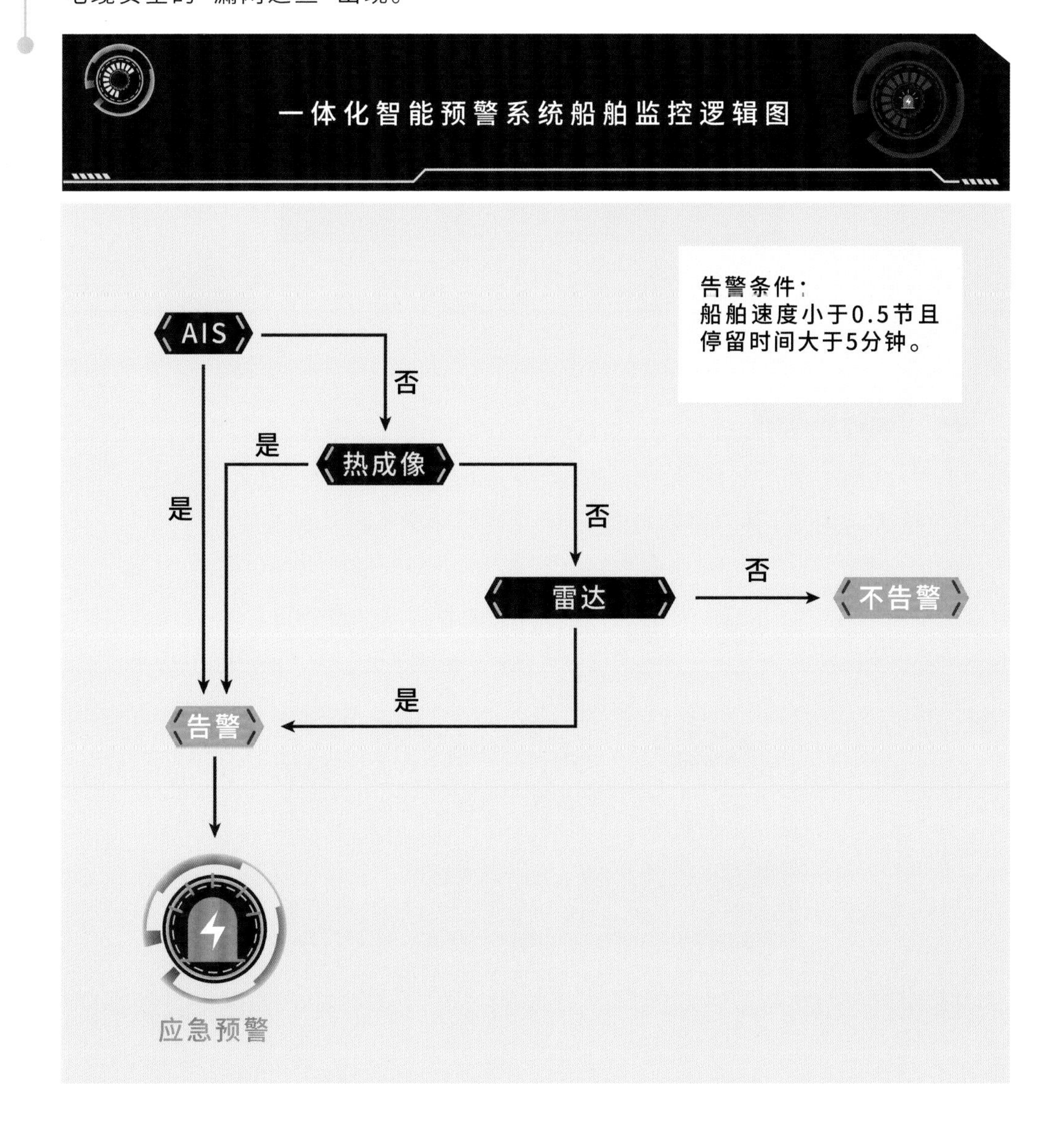

(2)应急预警。

当一体化智能监控系统发出告警后，运维人员立刻进入应急状态，启动应急预警机制。应急预警机制共分为四个级别，根据情况轻重制定相应措施。

四级预警

接到系统告警，视频联动追踪系统锁定可疑船舶，对可疑船舶加强监控。

三级预警

船舶不移动，并有抛锚趋向，则利用远程语音系统劝离船舶。

二级预警

视频监控画面显示船舶已抛锚，运维人员驾驶巡逻船前往现场制止，并责令船舶砍锚。

一级预警

抛锚船舶不同意砍锚，运维人员请求海事等部门执法。

海电小知识——海底电缆本体运行状态监测系统

除了对外在因素进行监控，运维人员还可对海底电缆本体进行监测。海底电缆本体运行状态监测系统利用复合在海底电缆上的光纤作为分布式传感元器件，应用光时域反射原理，可实时监测海底电缆导体温度、运行中受力及扰动情况，为判断海底电缆本体健康状态提供依据。海底电缆本体运行状态监测系统亦可接入海底电缆一体化智能预警系统。

重点知识回顾

(1) 海底电缆试验的对象为海底电缆系统。一个完整的海底电缆系统包括海底电缆本体及所有附件。

(2) 海底电缆试验贯穿于海底电缆的新产品开发、量产、制造、敷设全过程。

海底电缆试验项目

阶段	试验项目	试验目的
开发阶段	开发试验	评估海底电缆和附件的结构设计、材料质量、制造工艺等各方面性能
量产阶段	型式试验	验证该型号海底电缆及其附件具有预期使用条件的良好性能
	预鉴定试验	验证海底电缆系统具有满意的长期运行性能
供货出厂阶段	例行试验	检验海底电缆的质量与设计要求是否一致，总体性能是否符合标准
	抽样试验	与例行试验一致
敷设安装	交接试验	检查海底电缆系统的安装质量和完整性

(3) 海底电缆受损后的修复步骤包括：故障段定位、故障段打捞、故障段修复、海底电缆重新敷设、维修记录归档。

(4) 人为外力破坏是海底电缆安全运行的最大威胁。

(5) 海底电缆监控经历了传统人力监控、信息化监控、一体化智能监控三个阶段。

(6) 一体化智能预警系统综合利用AIS、热成像、雷达等多种监控技术进行海域船舶实时监控；在发现潜在风险船舶后，系统搭载的视频联动追踪和远程语音装置可第一时间锁定船舶，进行监控和应急处理。

(7) 海底电缆监控预警机制按情况轻重，共分为四级。

海底电缆监控四级预警机制

预警等级	触发条件	处置举措
四级预警	系统警告	加强对船舶监控
三级预警	判断船舶将要抛锚	远程语音系统劝离船舶
二级预警	船舶已抛锚	值班船现场制止责令船舶砍锚
一级预警	抛锚船舶不同意砍锚	请求海事等部门海上执法

在海底电缆监控中心，海电百事通收到告警。请找出下图中可能损害到海底电缆的船舶。

第五章 海洋输电未来之路

面对浩瀚神秘的大海，人类从未止步探寻。海洋输电技术的发展，帮助我们在向海而兴的航程上驶向远方。现在让我们携手海缆君，共同探索海洋输电的其他“宝藏”吧！

第一节　创新突破——海洋输电发展

科技发展改变人们的生活方式，也为海洋输电技术发展带来了巨大变化。

1.水下作业能手

在海底电缆敷设、检修、维护的过程中，许多工作都需要在水下完成。传统的水下作业主要依靠潜水员进行，然而这种作业模式对水流状况、下潜深度有着非常严格的要求。

随着海洋输电工程向更远、更深的水域进发，遇到潜水员无法下水作业的海域，我们该如何应对呢？

这时，水下机器人隆重登场！

(1)系统组成。

水下机器人下水作业，除了本体机身，还需要各种系统支撑，包括控制系统、收放系统、连接系统。

作业时，船舶搭载水下机器人前往目标海域，各系统相互协同，完成水下作业任务。

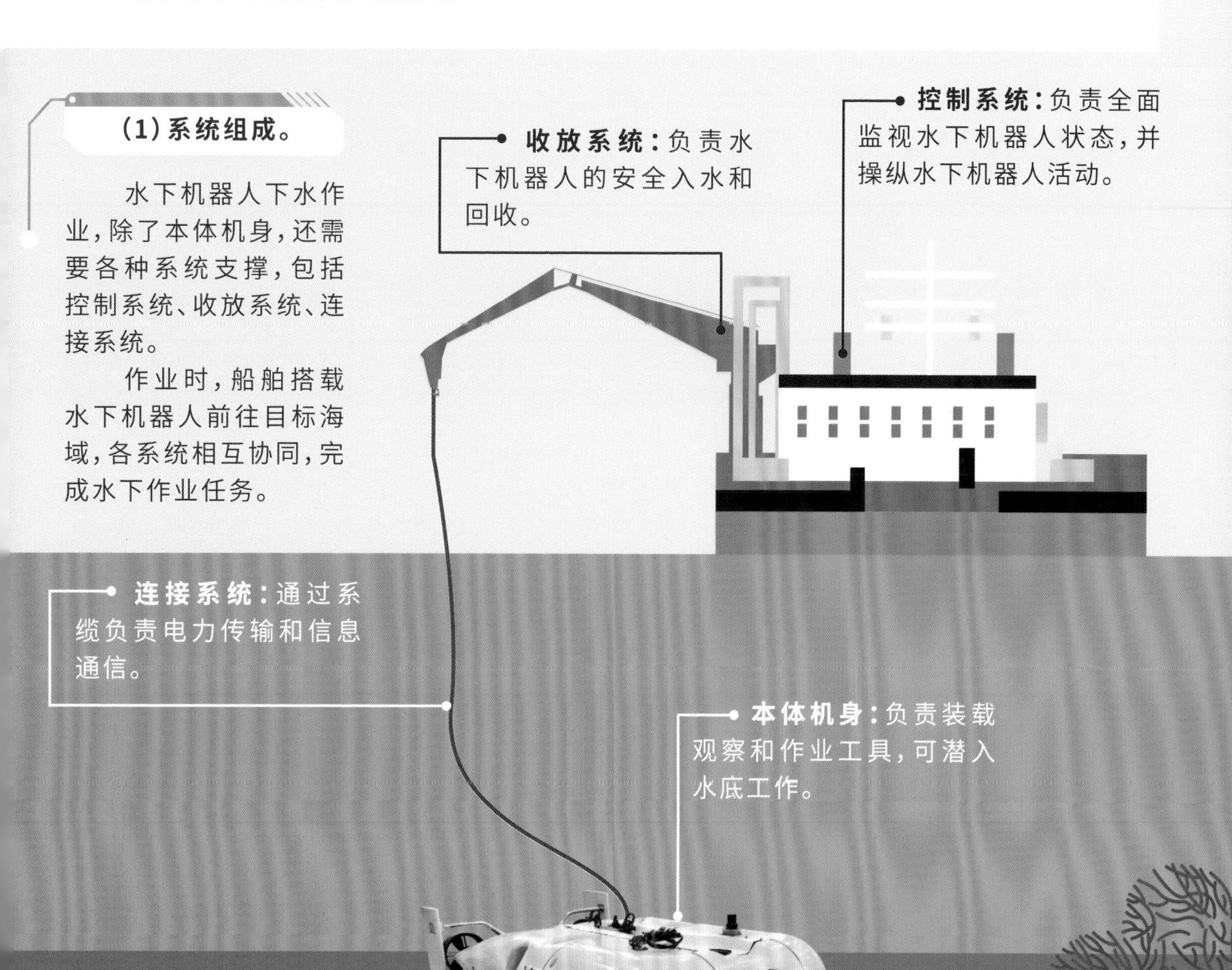

（2）搭载工具。

如同自由拼配的积木，水下机器人可以根据作业需要搭载不同的作业工具，例如能模拟人手工作的机械手臂、用作海底电缆位置追踪的电磁感应器、广泛应用在地形地貌勘测和管线检测的声呐仪、可观测水下状况的水下摄像头。

能灵活运动的机械手臂

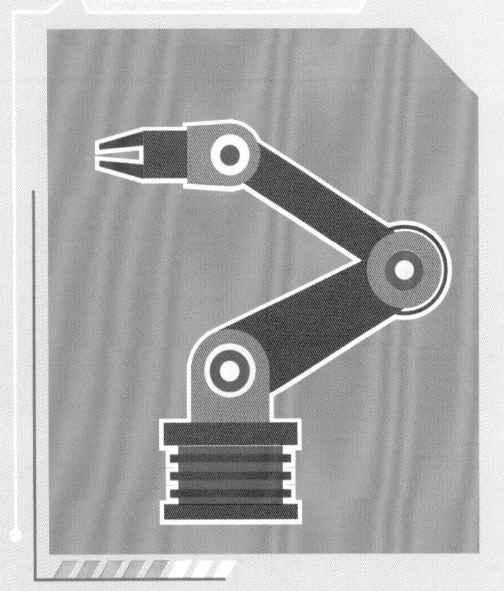

用作海底电缆位置追踪的电磁感应器

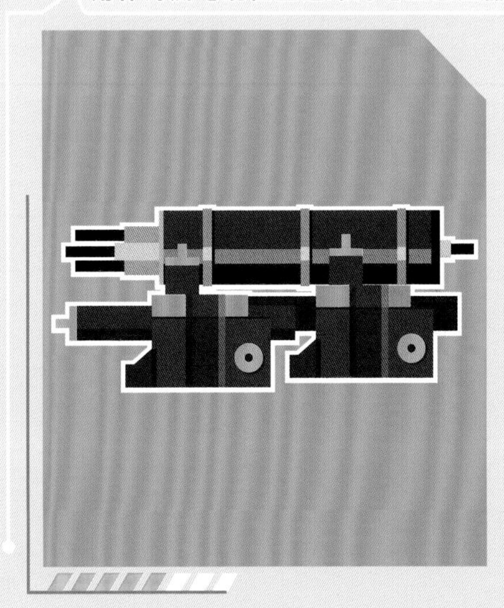

应用在地形地貌勘测和管线检测的声呐仪

可观测水下状况的水下摄像头

(3)工作内容。

水下机器人能灵活组合多种作业工具，这注定了它是一个多才多艺的水下作业能手。

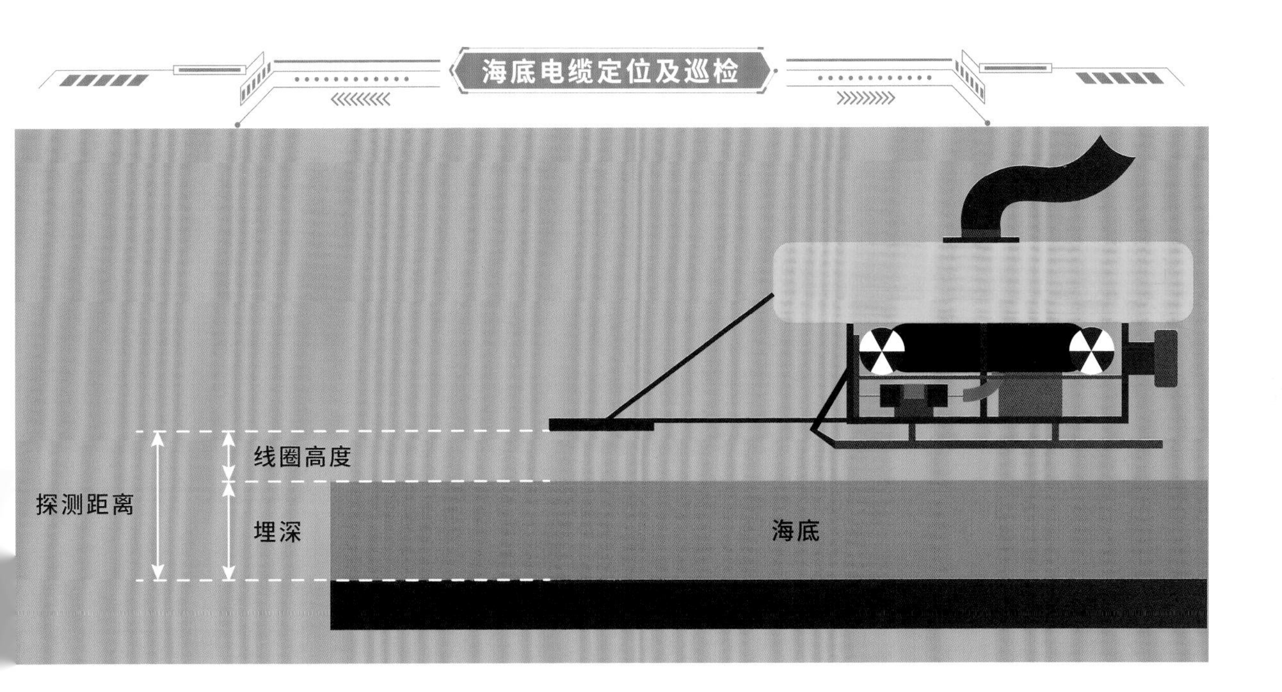

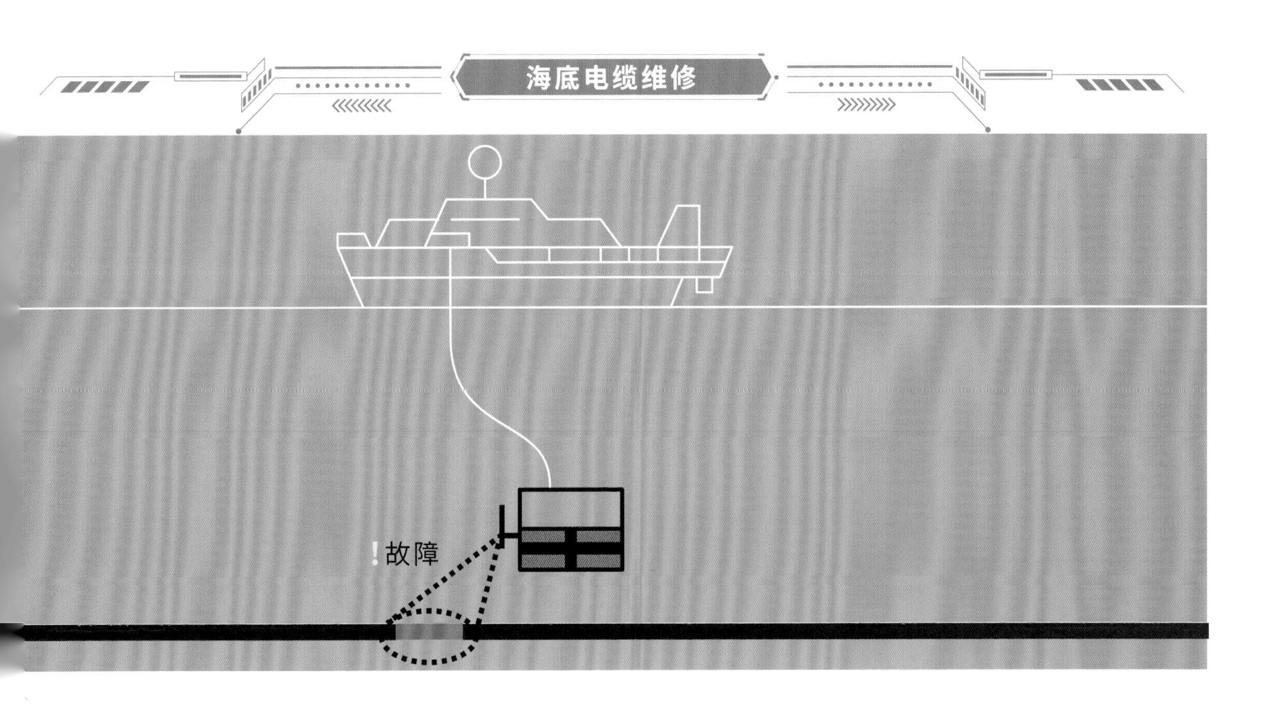

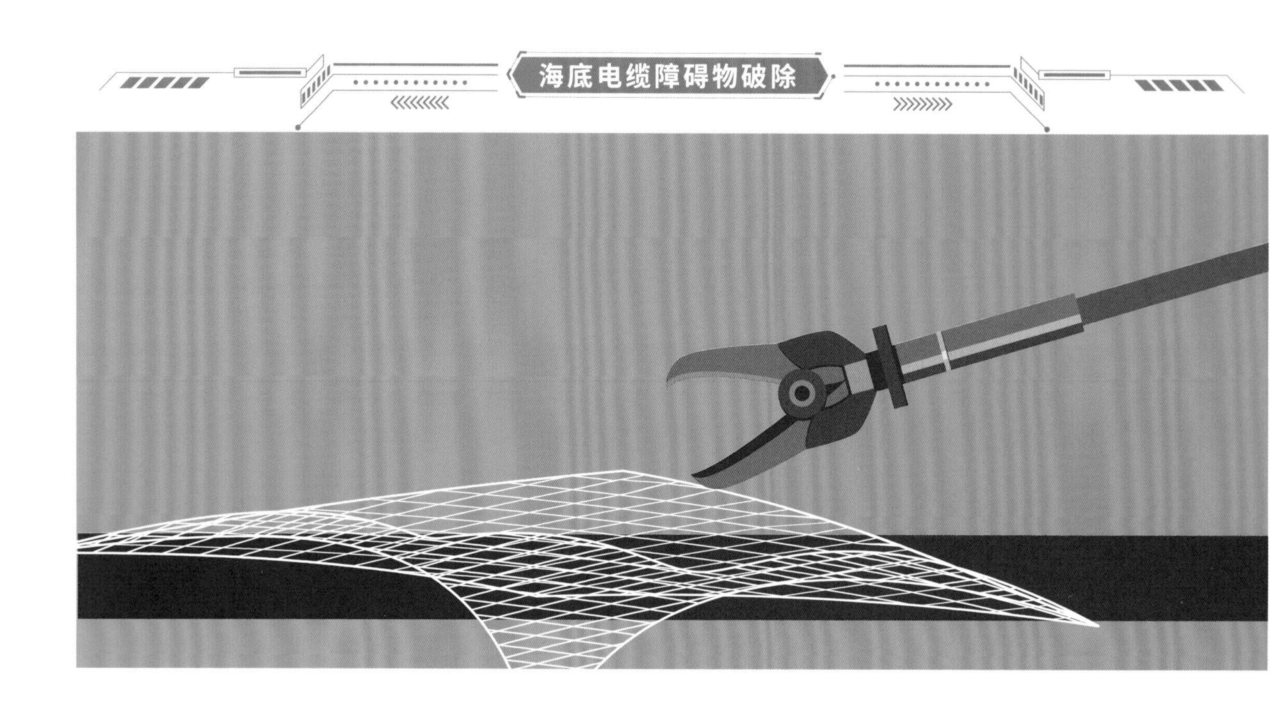
海底电缆障碍物破除

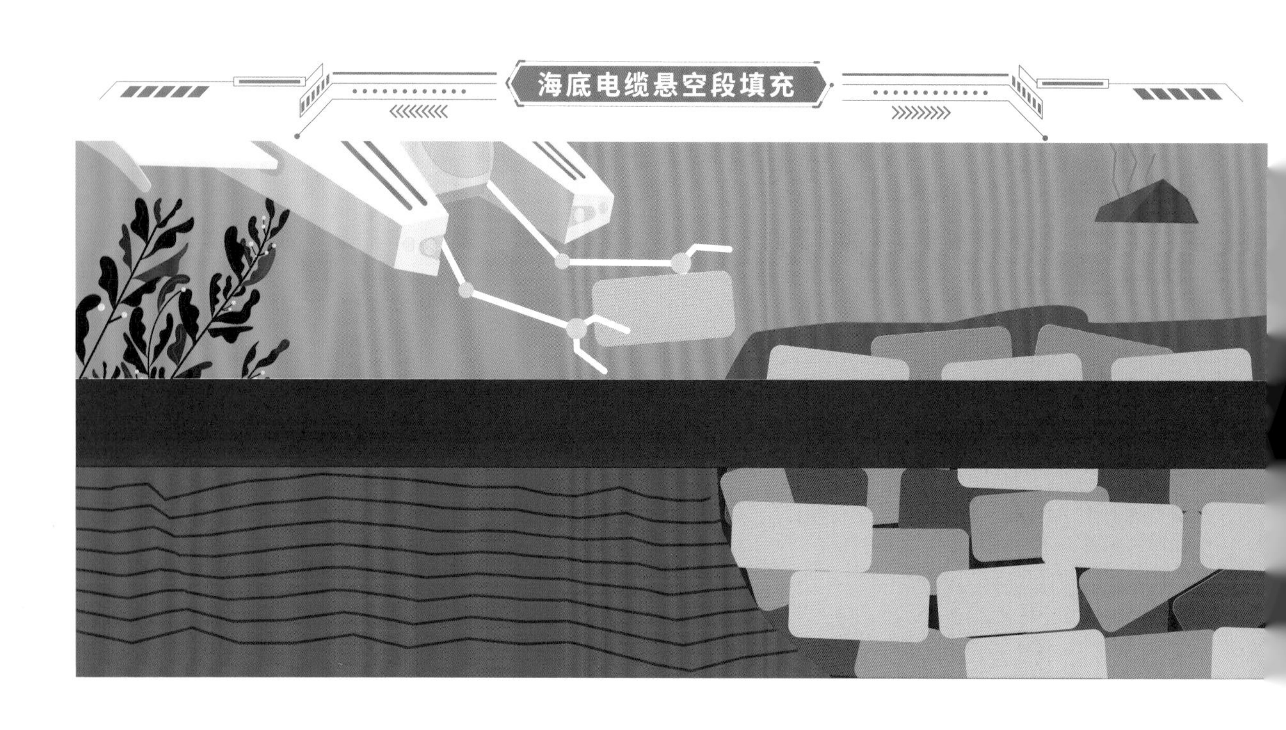
海底电缆悬空段填充

海电小知识——水下机器人的种类

水下机器人技术从20世纪70年代开始飞速发展，至今已有三大种类：ROV、AUV、HOV。

ROV：全称无人有缆遥控水下机器人，上文所说的水下机器人属于ROV。ROV有缆线与船舶连接，操作员在船上使用控制手柄操纵ROV执行任务。

AUV：全称自主式水下潜器，与母船之间没有缆线连接，可利用预编程或逻辑驱动航程。

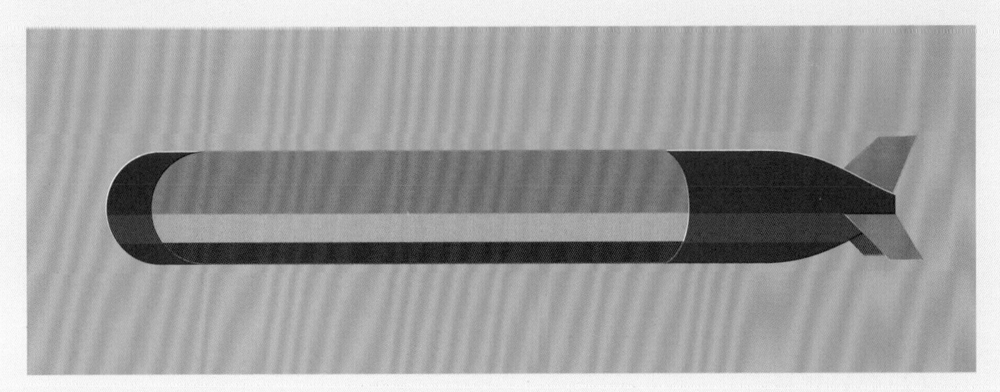

HOV：载人式潜水器，配有一套精密的生命保障系统，可运载工作人员潜入深海，开展各种复杂的水下作业活动。

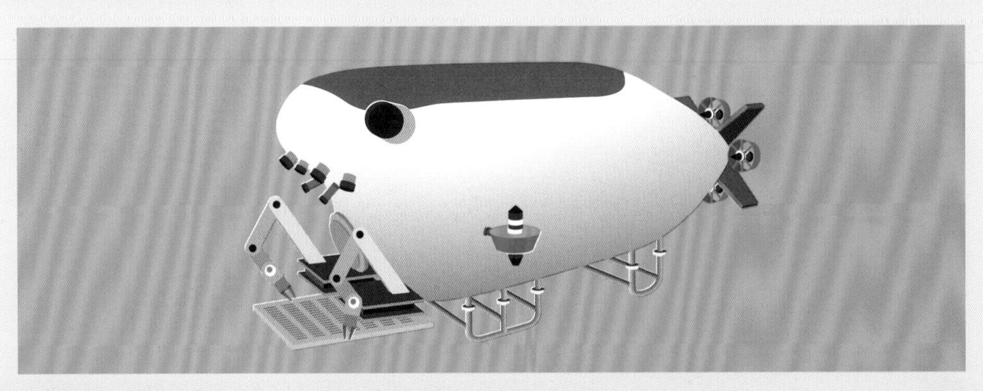

2.海底千里眼

海洋环境瞬息万变，给海洋输电工程和其他海洋开发活动带来众多不稳定因素。

海洋调查船定期巡航、观测浮标放置等常规海洋观测手段，均无法对海域进行实时监测并及时反馈信息，限制了海洋输电技术的创新发展和海洋开发活动的实施进程。

这时候就要请出“海底千里眼”——海底有缆观测网。

(1)组网方式。

海底有缆观测网由海底光电复合缆、各种海底观测仪器和陆地基站组成。

海底光电复合缆包裹着传输电能的导体和传输数据的光纤，将陆地基站和海底观测仪器连接起来，既能解决观测仪器用电问题，又能将观测仪器收集到的数据传回陆地基站，供科研人员研究分析。

(2)独特优势。

因具备稳定的电能供应，海底有缆观测网长期连续运行。

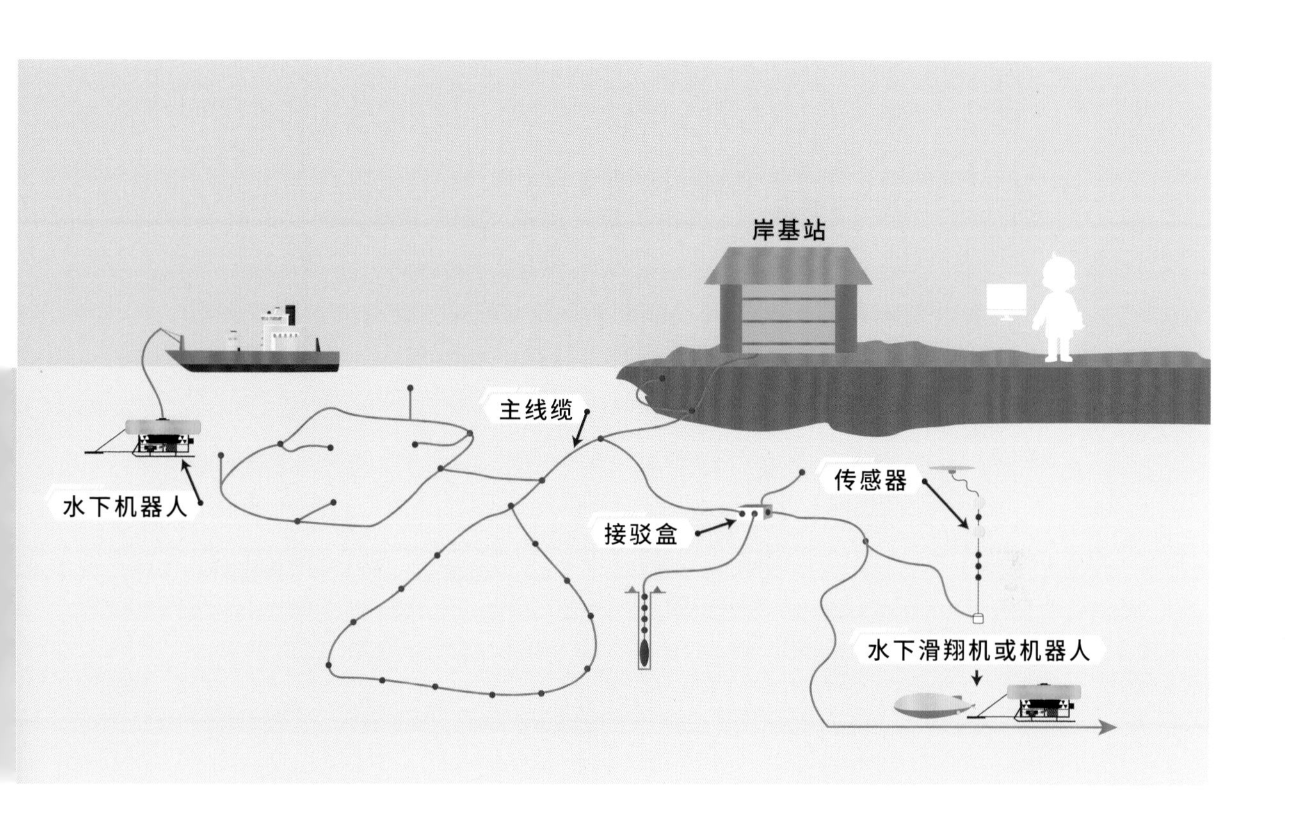

观测网沿线可组合各种观测仪器，开展多个海洋观测项目，满足海洋科学不同专业领域研究的数据收集需求。

观测仪器获得不间断电力供应，能实现长期连续、实时的海洋观测，获得不同时间、空间尺度的海洋观测数据，为科学研究提供详实和精确的数据。

信息传输量大且实时传输，为地震、海啸、海底滑坡等突发性事件预警创造条件。

(3) 应用情况。

近年来，世界各国相继加入海底有缆观测网的“筑网热潮”。

日本是最早建立海底有缆观测网的国家，拥有大型海底地震和海啸网络预警系统，主要服务于地质灾害监测。

我国陆续建成了东海小衢山海底有缆观测网和妈祖海底有缆观测网。

新时期的海底有缆观测网将不断扩大应用范围，形成综合性立体观测、海洋数据深度挖掘、多种观测计划综合交叉融合发展的趋势。

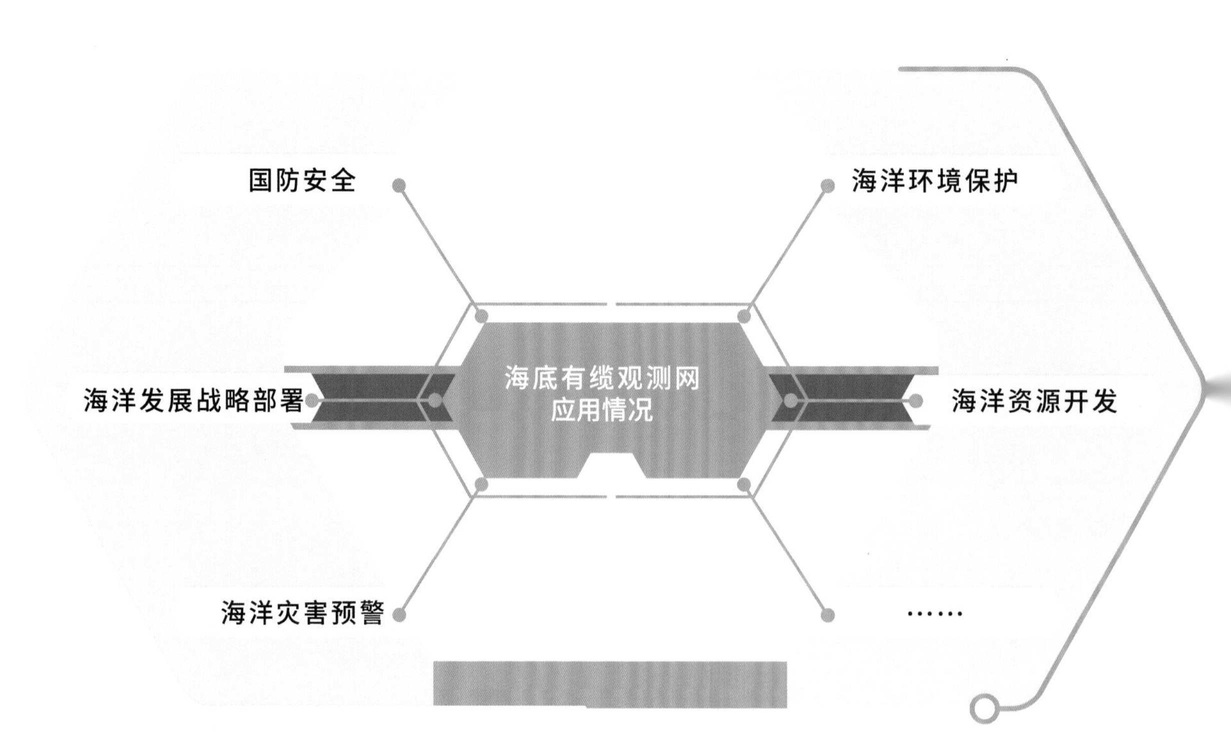

第二节 大有可为——海洋输电前景

在全球化发展的今天，世界能源互联成为各国的重点话题。

全球能源互联网，简单来说就是以特高压电网为通道，打破时间差、地域差，把分布在世界各地的风能、太阳能、海洋能等可再生清洁能源转化为电能，输送给世界各大洲各类用户使用的全球互联泛在的坚强智能电网。

流动的海水、海面上呼啸的大风、强烈的阳光……海洋蕴藏着丰富的清洁能源，可转化为充足的电能。海洋输电工程以海缆君作为能源传输重要手段，承担起跨海能源互联的重任，成为全球能源互联网中的一员大将。

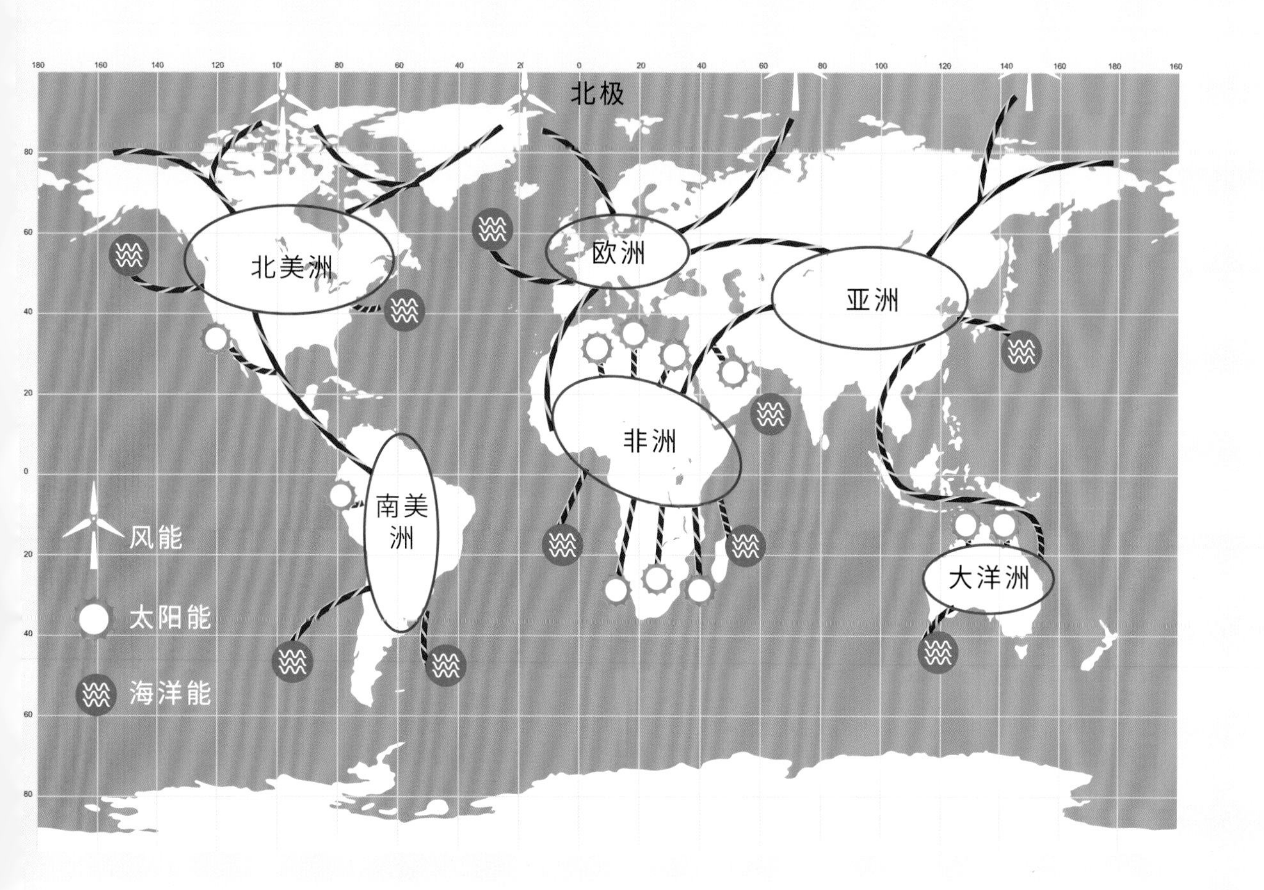

让我们从海上、海陆、洲际三个维度，来讲述关于海上能源互联的那些事儿。

1.海上能源互联

油气开采、人工岛屿建设、渔业捕捞等海洋开发活动需要大量的电力支撑，而海洋上丰富的潮汐能、太阳能、波浪能等可再生清洁能源可以源源不断地转换成电能。

海底电缆可以将海上清洁能源产生的电能直接输向海上用电终端，搭建起二者的能源互联。如此，海上用电从“陆地电源——陆地供输电设备——海洋供输电设备——海上终端用户”转变为“海上电源——海洋供输电设备——海上终端用户”，既可缩短运输距离，减少能源损耗，又可搭建起海上平台的绿色电网，实现就地消耗。

2.海陆能源互联

海洋能源丰裕，与之相比，陆地能源供应却日渐紧张。

通过海底电缆将海洋输出的清洁电能送往陆地，搭建海陆能源互联，既能补充各地用户的用能需求，又能替代陆地上的石油、煤炭等化石能源消耗，进而缓解化石能源过度消耗造成的气候恶化局面，推动社会可持续发展。

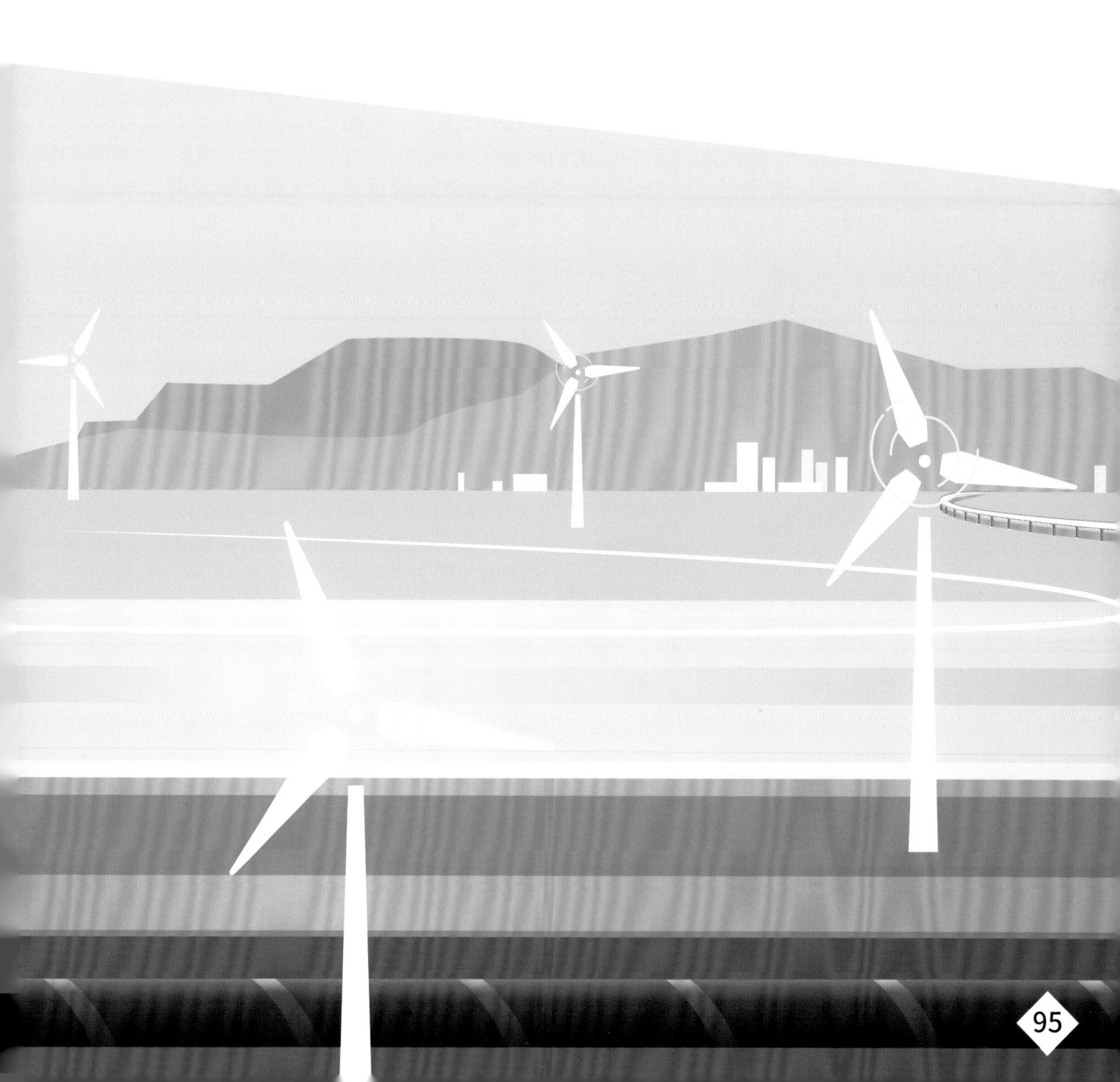

3.洲际能源互联

地球上的能源分布是不均衡的。例如赤道的太阳能、北极的风能异常丰富却极难被其他洲际使用；非洲白天有丰富的太阳能但用电量相对较少，与此同时美洲正处于夜晚用电高峰，电力供应紧张。

构建能源互联，洲际之间可以进行能源交易，统筹利用洲际间的时区差、季节差、电价差，将资源优势转化为经济优势，缩小地区差距。

不过世界各地相隔甚远，能源互联势必要横跨海洋。因此加快新型海底电缆的研发，在海底电缆输电电压、输电容量、输电距离上实现突破，成为海洋输电下一阶段的重点攻关任务。

洲际的能源互联，让“环球同此凉热”的蓝图成为可能。

海洋开发从未止步。伴随水上漂浮城市、海上移动核电站、发电船等新兴事物的涌现，海洋开发的步伐将会更为坚定，海洋输电的应用领域也将不断拓宽，海底电缆将塑造更绿色的电网架构。未来或许我们能探索出大规模的无线输电技术，电能传输不再依赖电力电缆，开创电能传输的新纪元。

神秘的海洋隐藏着未知，人类的智慧将持续突破认知界限，两者相互作用，使得海洋输电未来发展充满各种可能，拥有无限潜力。

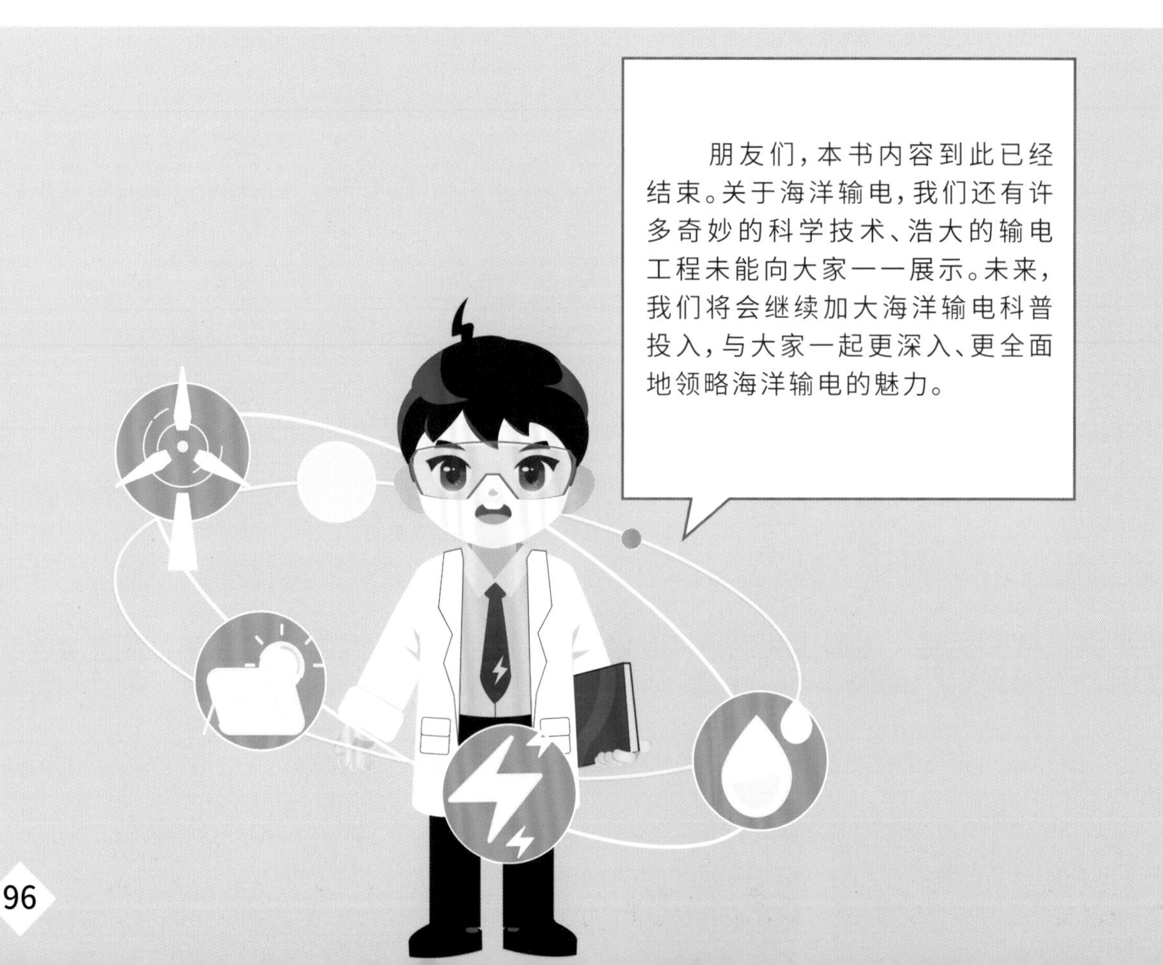

重点知识回顾

（1）水下机器人在海洋输电工程中的应用，结束了海洋输电发展受限于人员下潜深度的局面。

（2）水下机器人系统由本体机身、控制系统、收放系统和连接系统组成，同时能根据作业内容搭载不同的作业工具。

（3）水下机器人能在水中进行海底电缆定位、巡检、维修、障碍物破除、悬空段填充等工作。

（4）海底有缆观测网是海洋观测的重要工具。

（5）海底有缆观测网通过海底光电复合缆，连接陆地基站和各种海底观测仪。其中，海底光电复合缆负责电能传输和数据传输。

（6）海洋能源互联是全球能源互联网的重要组成部分。

（7）海洋输电工程依托着海底电缆，从海上能源互联、海陆能源互联、洲际能源互联三个维度推动海洋能源互联的实现。

裁剪下一页的剪纸，按照指示拼接，动手做一个专属于你的水下机器人吧！

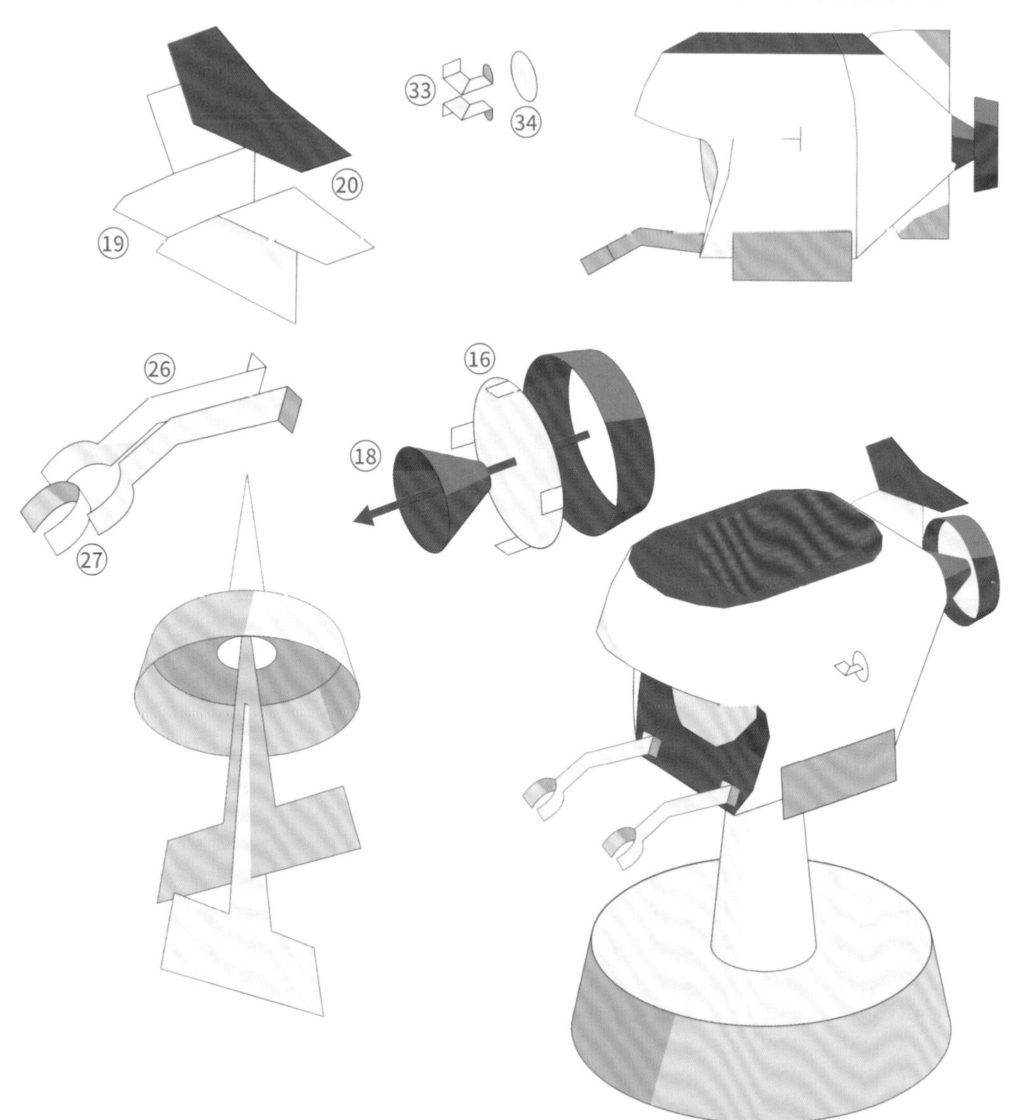

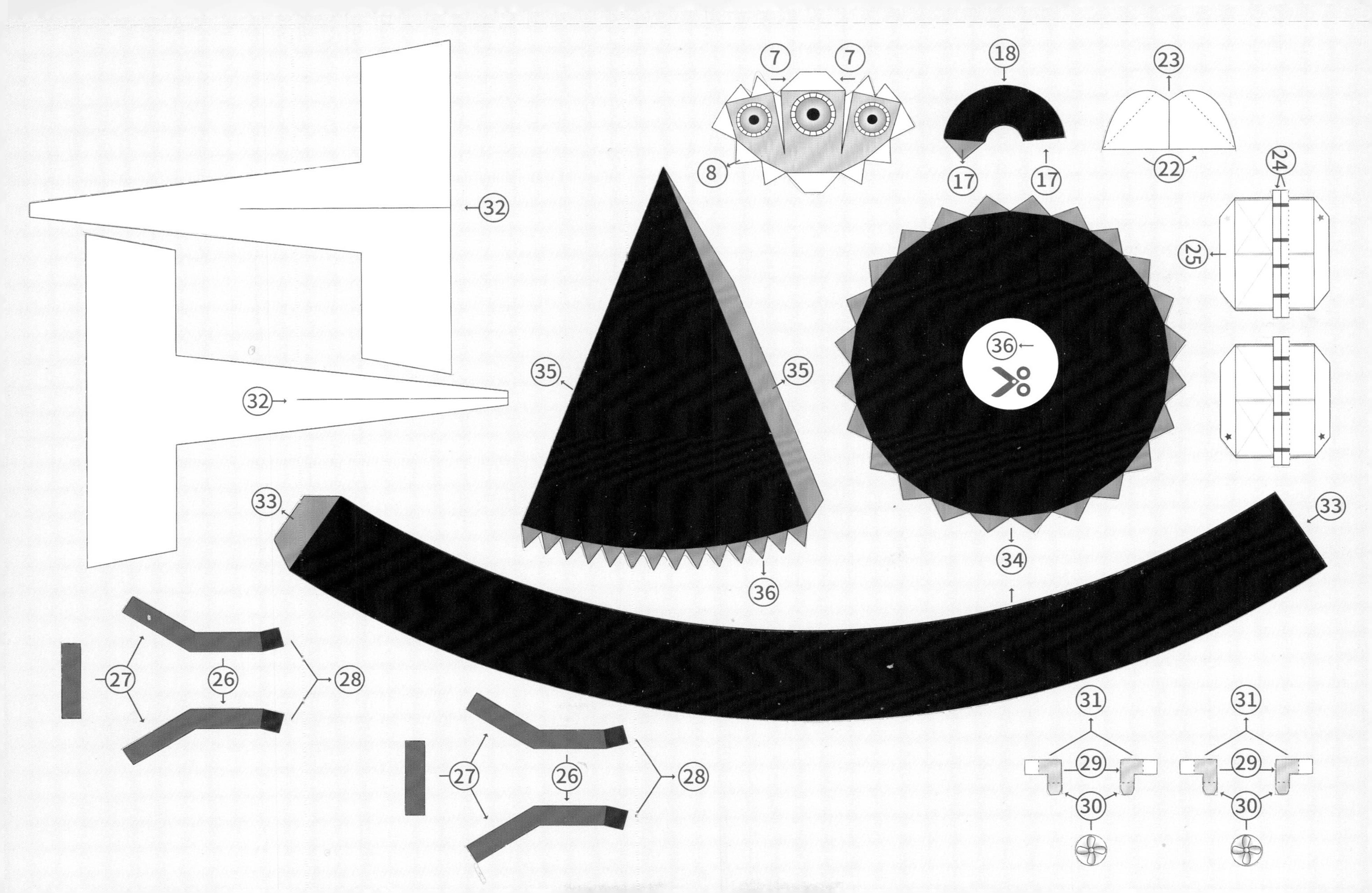

7
7
18
23
8
17
17
22
24
32
25
35
35
36
32
33
33
34
36
27
26
28
31
31
29
29
27
26
28
30
30

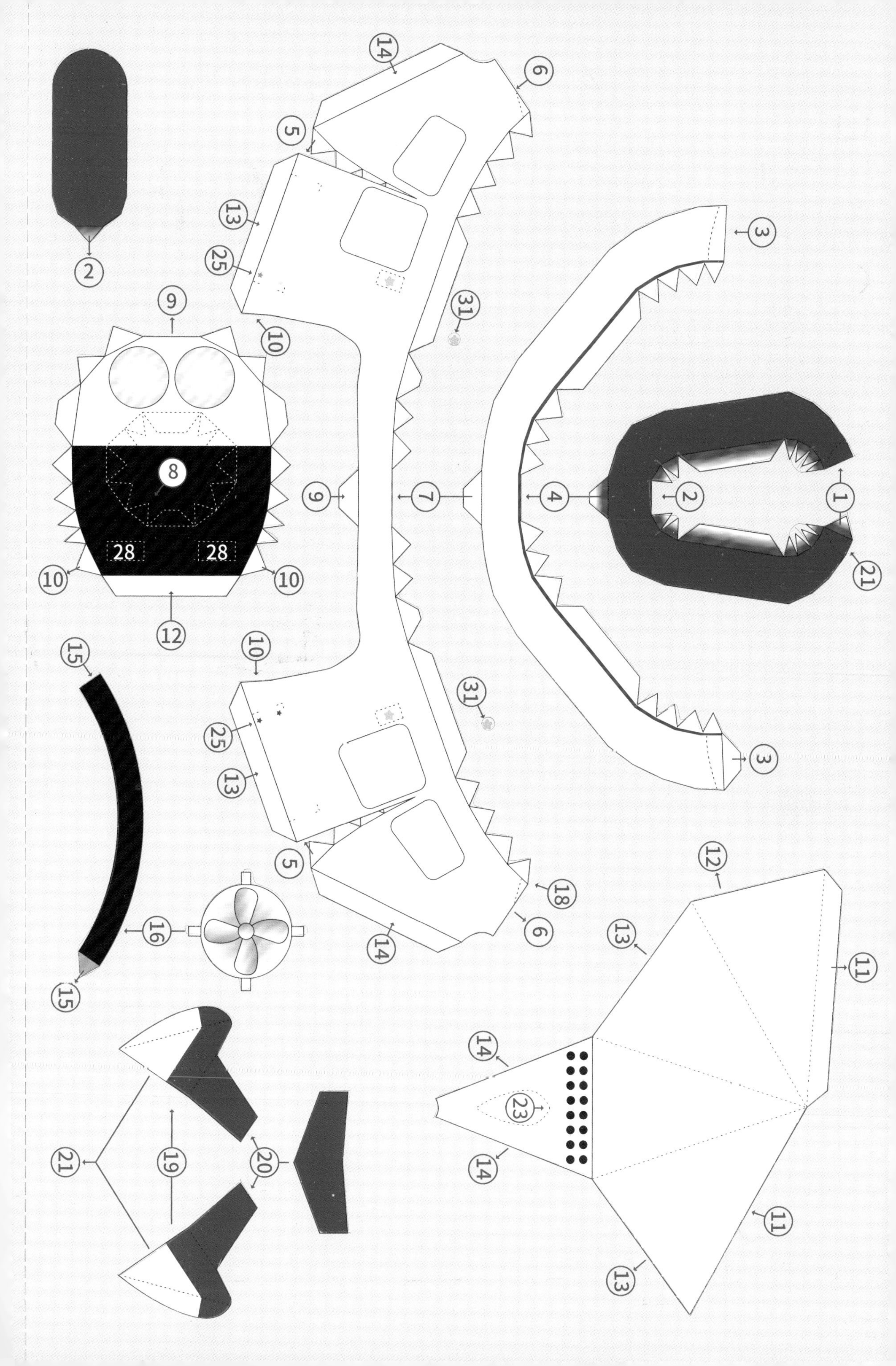